Problemas Verbales de Matemáticas

INDOLOROS

Marcie F. Abramson

con contribuciones de Rika Spungin

ilustraciones de Laurie Hamilton

BARRON'S

Toda indagación debe dirigirse a:
Barron's Educational Series, Inc.
250 Wireless Boulevard
Hauppauge, New York 11788
http://www.barronseduc.com

Número Estándar Internacional de Libro 0-7641-2144-8

Library of Congress Cataloging-in-Publication Data

Abramson, Marcie F.
    [Painless math word problems. Spanish]
    Problemes verbales de matemáticas indoloros / Marcie F.
Abramson, with contributions by Rika Spungin; illustrated by
Laurie Hamilton.
      p. cm.
    Includes index.
    Summary: Explains how to do word problems featuring whole
number, decimals, fractions, ratios, percentages, and more.
    ISBN 0-7641-2144-8 (alk. paper)
    1. Problem solving—Juvenile literature. 2. Word problems
(Mathematics)—Juvenile literature. [1. Word problems
(Mathematics) 2. Spanish language materials.] I. Title:
Painless math word problems. II. Spungin, Rika C., 1928–
III. Hamilton, Laurie, ill. IV. Title.
QA63 .A3218
    510—dc21   2001043936

IMPRESO EN E.U.A.
9 8 7 6 5 4 3 2 1

CONTENIDO

PRÓLOGO

¿Problemas verbales indoloros? ¿Cómo puede ser eso? Pues, ¡así es! Sigue leyendo y verás.

Después de muchos años de enseñanza, he descubierto que la mención de "problemas verbales" produce quejidos y protestas por todas partes. Pero como la vida está llena de problemas verbales que debemos solucionar, decidí escribir un libro en el cual demostraría que los problemas verbales, resueltos cuidadosamente, no producen dolor ni sufrimiento alguno. Con un poco de ayuda y sugerencias, muchos ejemplos y práctica, y un poquito de humor, verás cuán capaz eres de resolver todo tipo de problemas verbales, sin que te produzcan temor ni molestia.

El Capítulo uno elimina la palabra "problema" en el problema verbal. Aprenderás aquí a leer y a comprender cualquier tipo de problema y luego a crear un plan para resolverlo.

El Capítulo dos se dedica a problemas verbales que contienen números enteros. Sumarás, restarás, multiplicarás y dividirás para encontrar soluciones sencillas a problemas complejos. También aprenderás a ver modelos, crear listas, hacer conjeturas y verificar tus respuestas.

El Capítulo tres abarca decimales y fracciones. Sabrás cómo calcular con decimales y fracciones para resolver problemas verbales de la vida real.

El Capítulo cuatro arremete contra razones y proporciones. Verás cómo comparar razones y solucionar proporciones con gran facilidad.

El Capítulo cinco se lanza a explicar porcentajes. Aquí te lloverán sugerencias y datos para resolver problemas verbales relacionados con porcentajes en ventas, operaciones bancarias, aumentos de precios y otros problemas similares.

El Capítulo seis se dedica a solucionar problemas estadísticos y de probabilidades. Aprenderás a usar el término medio, la mediana, la escala y la moda en la solución de problemas del diario vivir.

El Capítulo siete se remonta hacia la geometría y los problemas de medición. Verás cómo encontrar el perímetro, la circunferencia y la superficie en todo tipo de problemas prácticos. Serás un mago o una maga para medir, trabajar con triángulos y aplicar el teorema de Pitágoras.

El Capítulo ocho abre el cofre de las ecuaciones y un poco de álgebra. Aquí aprenderás a usar ecuaciones para resolver problemas cotidianos en forma rápida y fácil.

En el Capítulo nueve hay un sinnúmero de problemas para practicar. Podrás aquí poner en práctica todo lo que has aprendido hasta ahora y ver que los problemas verbales son realmente indoloros.

El Capítulo diez penetra al mundo del internet. En este capítulo puedes buscar, jugar y resolver actividades y problemas verbales típicos de la red mundial.

Cambios de Direcciones en la Red

Debes saber que las direcciones en la red mundial están cambiando constantemente. Aunque las direcciones que proveemos aquí estaban al día cuando este libro fue escrito, tarde o temprano algunas de estas direcciones dejarán de ser válidas. Si te encuentras con una dirección en la red (URL—Universal Research Location) que parece estar fuera de servicio ya sea porque el sitio dejó de existir o porque la dirección ha cambiado, **abrevia el URL hasta la primera barra** o inicia una **búsqueda por palabra clave** según el tema.

Si deseas saber cómo se usa la matemática en la vida diaria y necesitas hacer una búsqueda por palabra clave, puedes—por ejemplo—escribir "Daily Math" (¡no olvides las comillas!) y luego especializar tu búsqueda empleando otras palabras clave como artes culinarias, bancos, decoración de interiores, y muchas otras. Cada una de estas palabras irá acercándote con mayor precisión al tema que te interesa.

No olvides que a veces es difícil lograr un ajuste feliz entre el tema que has escogido y los resultados que has obtenido en tu búsqueda por palabra clave. Cuando experimentes dificultades de este tipo, pide a una persona con experiencia que te ayude.

CAPÍTULO UNO

Problemas verbales sin problemas

Un problema verbal no es un
problema si tú...
    lo lees,
    lo planeas,
    lo resuelves,
    lo verificas.
Estos cuatro pasos, ¡quitan
el dolor de cualquier problema!

CUATRO PASOS PARA EL ÉXITO CON PROBLEMAS VERBALES

El problema más grande con un problema verbal es decidir cómo resolverlo.

En su libro, titulado *Cómo Resolverlo*, el famoso matemático George Polya (1887–1985) describió cuatro pasos que pueden facilitar la solución de problemas verbales. Aquí están esos cuatro pasos:

Paso 1: Comprende el problema.

Paso 2: Planea una estrategia.

Paso 3: Realiza el plan.

Paso 4: Verifica tu trabajo.

Comprende el problema significa leer el problema con cuidado para saber qué es lo que se te pregunta. ¿Cuál es la pregunta? ¿Puede el problema resolverse con la información que contiene?

Planea una estrategia significa decidir lo que hay que hacer para resolver el problema. Quizás debas sumar, restar, multiplicar o dividir para encontrar la respuesta. Quizás debas hacer un dibujo de la información que se te ha dado, o hacer una lista de las posibles respuestas hasta encontrar la respuesta correcta, o incluso adivinar la respuesta y luego verificar si ésta está correcta. Hay muchas estrategias que aprender y las irás viendo a medida que avances con tu lectura.

Realiza el plan significa llevar a cabo tu estrategia.

Verifica tu trabajo significa releer y rehacer el problema para asegurarte de que tu trabajo está matemáticamente correcto y de que tu respuesta tiene sentido.

PASO 1: COMPRENDE EL PROBLEMA

Para comprender el problema, deberás leerlo cuidadosamente y luego preguntarte estas tres preguntas:

1. ¿De qué trata el problema?

2. ¿Qué es lo que debes encontrar?

3. ¿Hay suficiente información para poder resolver el problema?

Una vez que hayas leído el problema y contestado afirmativamente las tres preguntas, estarás listo para resolver todo problema verbal sin dificultad.

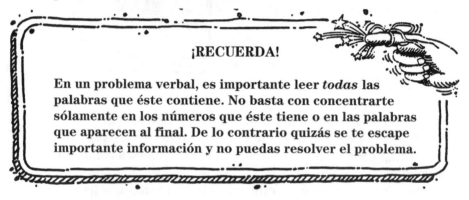

¡RECUERDA!

En un problema verbal, es importante leer *todas* las palabras que éste contiene. No basta con concentrarte sólamente en los números que éste tiene o en las palabras que aparecen al final. De lo contrario quizás se te escape importante información y no puedas resolver el problema.

EJEMPLO:

Estela compró 200 acciones de Kooky Kola a $15 por acción. Sin incluir los gastos de transacción, ¿cuánto costaron las acciones?

Paso 1: Comprende el problema.

¿De qué trata el problema? La compra de acciones.

¿Qué es lo que debes encontrar? El costo total de las acciones de Estela.

¿Hay suficiente información para contestar la pregunta? Sí. Tú sabes cuántas acciones ella desea comprar y el costo de cada acción. (NOTA: En este capítulo aprenderás a decidir cuándo sumar, cuándo restar, cuándo multiplicar y cuándo dividir).

NOTA MATEMÁTICA

A veces, un problema verbal no está expresado en forma de pregunta sino en forma de orden a la persona que está leyendo.

EJEMPLO:

Carlos Coloso horneó 48 galletas para sí mismo y para sus amigos. Encuentra cuántas galletas recibirá cada persona si las galletas son compartidas de igual forma.

Paso 1: Comprende el problema.

¿De qué trata el problema? Hornear y compartir galletas con los amigos.

¿Qué es lo que debes encontrar? Cuántas galletas debe recibir cada persona.

¿Hay suficiente información para contestar la pregunta? No. Tú no sabes cuántos son los amigos.

RASCACABEZAS 1

Para responder a cualquier problema verbal, contesta las preguntas siguientes:

a. ¿De qué trata el problema?
b. ¿Qué es lo que debes encontrar?
c. ¿Hay suficiente información para contestar la pregunta?

Los problemas que aparecen a continuación no necesitan ser resueltos, pero trata de ver si *es posible resolverlos o no*.

1. Felicia Flaño tiene 75 tarjetas de béisbol más en su colección de las que Benito Buono tiene en la suya. Benito tiene 248 tarjetas. ¿Cuántas tarjetas tiene Felicia?

2. Manuel Marino compró 15 CDs por un costo total de $195 (sin incluir el impuesto). Encuentra el valor de cada CD si cada CD vale lo mismo.

3. María, Pedro y Pablo se fueron de vacaciones. María gastó 17 rollos de película, Pablo gastó un total de 20 rollos y Pedro gastó un total de 15 rollos. Si cada rollo tenía espacio para 24 fotos, ¿cuántas fotos tomó María?

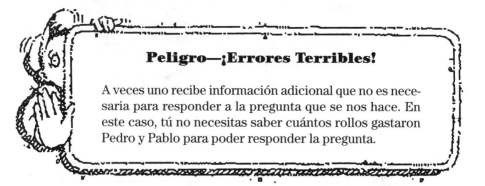

Peligro—¡Errores Terribles!

A veces uno recibe información adicional que no es necesaria para responder a la pregunta que se nos hace. En este caso, tú no necesitas saber cuántos rollos gastaron Pedro y Pablo para poder responder la pregunta.

4. Hay 29 jugadores en el equipo Calcetines Azules, 25 jugadores en el equipo Leones y 30 jugadores en el equipo Gigantes. Encuentra el número total de jugadores de los tres equipos.

5. La Pizzería Pepe horneó 15 pizzas para el paseo escolar. Cada pizza fue cortada en ocho porciones. Cada persona en el paseo comió una porción y al final del paseo ya no quedaba nada. ¿Cuántas personas fueron al paseo?

NOTA MATEMÁTICA

¡Lee con cuidado! A veces los números están escritos como número ("8") y a veces como palabra ("ocho").

6. Camilo Corrientes estacionó su automóvil en Estacionamiento Bolívar. El estacionamiento cobra $5 por hora o por parte de una hora. Camilo estacionó su automóvil por $4\frac{1}{2}$ horas. ¿Cuánto le costó el estacionamiento a Camilo?

7. Diana Velez se dedica al tiro de arco. En su tercera lección, Diana tiró cinco flechas, tres de las cuales dieron en el blanco. Una flecha dio en el anillo dorado, otra flecha se ensartó en el anillo blanco y la tercera dio en el anillo negro.  ¿Cuántos puntos obtuvo Diana en su tercera lección?

8. La Tienda Electrónica de Víctor paga $7,95 por hora a sus empleados durante días hábiles y $9,25 en días festivos. Carlos trabajó siete horas un domingo. ¿Cuánto dinero ganó Carlos?

9. La entrada al Museo de Ciencias es de $6,25 por cada persona de 12 años o mayor. Los niños menores de 12 años son admitidos gratis. Si el domingo se vendieron boletos por un total de $7.500, ¿cuántas personas de 12 años o más visitaron el museo ese día?

10. La bombilla eléctrica se inventó en 1879 y la cámara de cine en 1889. El registrador de votos eléctrico se inventó 11 años antes de inventarse la bombilla eléctrica. ¿En qué año se inventó el registrador de votos eléctrico?

(Las respuestas están en la página 18).

PASO 2: PLANEA LA ESTRATEGIA ESCOGIENDO LA OPERACIÓN

Un problema verbal no es problema si tú tienes un plan:
Escoge una estrategia,
ponla en práctica,
¡y verás los resultados!

En todo problema verbal, lee el problema cuidadosamente para decidir qué operación es lógico emplear para resolverlo.

Uso de la suma

Debes usar la suma para

- decir cuántos hay en total;
- decir cuánto hay por completo;
- encontrar el número total (cantidad, costo).

Uso de la resta

Debes usar la resta para

- decir cuánto(s) queda(n);
- decir cuánto(s) más;
- decir cuánto(s) menos;
- decir cuánto(s) más se necesita(n);
- decir cuánto(s) menos se necesita(n)...

Uso de la multiplicación

Debes usar la multiplicación cuando conoces el número de grupos y el número (cantidad) en cada grupo para

- decir el número (cantidad) total;
- decir cuántos en total.

Uso de la división

Debes usar la división cuando

- conoces el número (cantidad) total y el número de grupos para decir el número (cantidad) en cada grupo;
- conoces el número (cantidad) total y el número (cantidad) en cada grupo para decir el número de grupos.

Quizás puedas pensar en otras situaciones que impliquen suma, resta, multiplicación o división. ¡Eso sería muy bueno! Existen muchas otras frases matemáticas para cada una de las operaciones y nosotros sólo podemos enumerar unas pocas aquí. Si descubres palabras o frases que corresponden a cualquiera de las cuatro operaciones, anótalas. Esto te ayudará a resolver muchos tipos de problemas verbales.

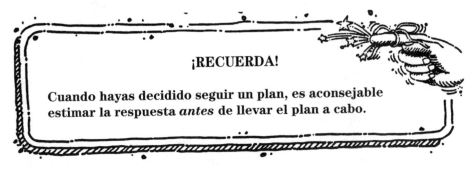

¡RECUERDA!

Cuando hayas decidido seguir un plan, es aconsejable estimar la respuesta *antes* de llevar el plan a cabo.

EJEMPLO:

El primer discurso presidencial televisado fue hecho por el presidente Harry Truman el 5 de octubre de 1947. El primer debate presidencial televisado ocurrió 13 años después del discurso de Truman. ¿En qué año se efectuó el primer debate televisado?

Paso 1: Comprende el problema.

¿Sobre qué trata el problema? Sobre discursos y debates presidenciales.

¿Qué debes encontrar? El año en que se efectuó el primer debate.

¿Hay suficiente información para responder la pregunta? Sí. Tú conoces el año del discurso y el número de años que transcurrieron entre éste y el debate.

Paso 2: Planea una estrategia.

¿Qué operación sería lógico emplear? La suma, ya que el año del debate ocurre 13 años *después* del debate televisado.

Estimado: Después de 1947.

EJEMPLO:

Los *Pequeños Libritos de Oro* comenzaron a publicarse en 1942 por un costo de $0,25 por libro. Encuentra cuál sería el costo total si compraras 17 de esos libritos en ese año, sin considerar el impuesto.

Paso 1: Comprende el problema.

¿De qué trata el problema? Trata de los *Pequeños Libritos de Oro.*

¿Qué es lo que se te pide? El costo de 17 de los libritos.
¿Hay información suficiente para responder la pregunta? Sí. Tú conoces el número de libros que deben comprarse y el costo por libro.

Paso 2: Planea una estrategia.

¿Qué operación sugiere la lógica? La multiplicación, ya que puedes usar el número de libros y el costo por libro para encontrar el costo total.

Estimado del costo de los 17 libritos: Más de $4,00, pues $16 \times 0,25 = 16 \times \dfrac{1}{4} = \$4,00$ (elegimos 16 porque es fácil: 4 cabe 4 veces dentro de 16). La operación exacta sería $17 \times \dfrac{1}{4}$, cuyo cálculo dejaremos para más adelante.

NOTA MATEMÁTICA

¿Leíste el problema de arriba y decidiste usar la suma? Podrías sumar $0,25 diecisiete veces, pero multiplicar $0,25 por 17 es más fácil. De hecho, la multiplicación no es más que suma repetida y es más fácil hacer una sola multiplicación que varias sumas.

EJEMPLO:

Un billete de $1 mide 6,14 pulgadas de largo. ¿Cuántos billetes de $1 colocados de punta a punta serían necesarios para ir de un extremo a otro de una cancha de fútbol que tiene 100 yardas? (Recuerda que una yarda = 36 pulgadas).

Paso 1: Comprende el problema.

¿De qué trata el problema? De billetes que forman una línea de 100 yardas de largo.

¿Qué es lo que se te pide? ¿Cuántos billetes colocados de punta a punta se extenderían por 100 yardas? ¿Hay suficiente información para responder el problema? Sí. Tú conoces el largo de un billete y el largo de la cancha de fútbol.

Paso 2: Planea una estrategia.

¿Qué operación parece ser lógica? La división, ya que conoces el largo total y el largo de un billete.

Estimado: Cerca de 600 billetes (100 yardas = 3600 pulgadas; los billetes tienen cerca de 6 pulgadas de largo y 3600 pulgadas ÷ 6 pulgadas para cada billete = 600 billetes).

NOTA MATEMÁTICA

A veces será más fácil resolver el problema si lo dibujas. El dibujo te ayudará a decidir si necesitas sumar, restar, multiplicar o dividir. Respecto al problema recién visto, puedes hacer el siguiente dibujo:

Mirando el dibujo, puedes ver que estás dividiendo un largo total de 600 yardas en secciones de 6,14 pulgadas cada una. Eso te indica que debes dividir. Para resolver el problema, debes cambiar las 100 yardas en pulgadas, sabiendo que cada yarda tiene 36 pulgadas.

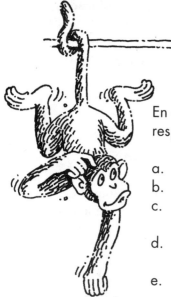

RASCACABEZAS 2

En cada problema presentado a continuación, responde lo siguiente:

a. ¿De qué trata el problema?

b. ¿Qué es lo que se te pide?

c. ¿Hay suficiente información para responder la pregunta?

d. ¿Qué operación parece ser la más lógica?

e. Estima la respuesta.

Si no puedes decidir qué operación usar, trata de hacer un dibujo que te ayude. Recuerda que no es necesario resolver el problema.

Nota que los Problemas 7 a 9 están repetidos del primer grupo rascacabezas que empieza en la página 5. Para esos problemas basta con hacer las preguntas *d* y *e*.

1. El vólibol se convirtió en un deporte olímpico oficial en 1964. El deporte del baloncesto se inventó 73 años antes que el vólibol se convirtiera un deporte olímpico. ¿En qué año se inventó el baloncesto?

2. El Big Ben de Londres es el nombre de la campana principal ubicada en la torre del reloj. La campana pesa 37,5 toneladas. Hay 2.000 libras en una tonelada. ¿Cuántas libras pesa la campana Big Ben?

3. ¿Cuántas cuentas de 0,5 centímetros de largo se necesitan para crear un brazalete que tendrá 20 centímetros de largo?

4. La primera escuela médica para mujeres se inauguró en Boston, en 1848. El gobierno de Estados Unidos concedió el derecho de voto a las mujeres 72 años después de inaugurarse la escuela médica. ¿En qué año recibieron el derecho de voto las mujeres?

5. El número de teléfono de la Casa Blanca en Washington es 201-456-1414. Esta no es la línea personal del presidente sino de una central que provee información sobre visitas turísticas, horarios e información adicional. Una llamada de 5 minutos de duración desde la ciudad de Nueva York en un día hábil cuesta $0,75. Encuentra el costo de una llamada de un minuto de duración en un día hábil.

6. Hay 11 dulces enrollados en un paquetito de Life Savers. ¿Cuantos dulces tendrías en total si hubieras comprado 12 paquetitos?

7. El museo de ciencias cobra $6,25 por admisión de toda persona de 12 años de edad o mayor. Los niños menores de 12 años se admiten gratis. Si un domingo se vendieron boletos por valor de $7.500, ¿cuántas personas de 12 años de edad o mayores visitaron el museo ese día?

8. Felicia Núñez posee en su colección 75 estampillas más que Benito Ballone. Benito tiene 248 estampillas en su colección. ¿Cuántas tiene Felicia?

9. La bombilla eléctrica se inventó en 1879 y la cámara de cine se inventó en 1889. El registrador de votos eléctrico se inventó 11 años antes de la bombilla eléctrica. ¿En qué año inventaron el registrador de votos eléctrico?

(Las respuestas están en la página 19).

PROBLEMAS DE VARIOS PASOS

Un problema verbal no es problema
Ya necesite un paso, dos o quizás más.
Escoge la operación, estima la respuesta,
¡Y no sufrirás dolor jamás!

Algunos problemas verbales requieren dos o más pasos para ser solucionados. De ser así, hay una serie de pasos para escoger las operaciones y ponerlas en la debida secuencia, para estimar la respuesta y luego verificarla.

EJEMPLO:

José compró cuatro bolsas de papas fritas. Cada bolsa costó $1,49. Compró además tres botellas de soda. Cada botella costó $1,29. Encuentra el costo total de su compra.

Paso 1: Comprende le problema.

¿De qué trata el problema? La compra de papas fritas y soda.

¿Qué es lo que se te pide hacer? Encontrar el precio total de la compra.

¿Hay suficiente información para responder la pregunta?

Sí. Tú sabes el número de cada objeto comprado y el costo de cada objeto.

Paso 2: Planea una estrategia.

¿Qué operaciones parecen ser lógicas? La multiplicación, para encontrar el costo total de las papas fritas, una segunda multiplicación para encontrar el costo total de las botellas de soda, y luego una suma para encontrar el costo total combinado de las papas fritas y las botellas de soda.

Estimado: Más de $8,00. (Las papas fritas cuestan más de $5,00 y las botellas de soda cuestan más de $3,00).

EJEMPLO:

La agencia de viajes Todocielo ofrece un viaje a Disneylandia que incluye el boleto de avión y el costo del hotel. El costo es de $450 por cada adulto y $189 por cada niño de 17 años de edad o menos. Una familia de dos adultos y tres niños (los tres siendo menores de 17 años) compró este paquete turístico. ¿Cuál fue el costo total del paquete a Disneylandia?

Paso 1: Comprende el problema.

¿De qué trata el problema? De un paquete turístico a Disneylandia.

¿Qué es lo que se te pide encontrar? El precio completo del paquete.

¿Hay suficiente información para responder la pregunta? Sí. Tú conoces los precios para los adultos y los niños, y el número de adultos y niños que van de viaje.

Paso 2: Planea una estrategia.

¿Qué operaciones tiene sentido hacer? La multiplicación, para encontrar el costo total de los boletos para adultos, una segunda multiplicación para encontrar el costo total de los boletos para niños y luego una suma para encontrar el costo total de todos los boletos. Estimado: Cerca de $1.400. (Los boletos para adultos salen por más de $800, cálculo que obtienes al multiplicar una cantidad fácil de hacer en tu cabeza como lo es 400×2, los boletos para niños cuestan menos de $600 (multiplicación aproximada de 200×3) y así $800 + $600 = $1.400).

EJEMPLO:

Tu altura es seis veces el largo de tu pie. El pie de Eugenia mide 10 pulgadas de largo. ¿Qué altura tiene, aproximadamente, Eugenia? (Recuerda que 12 pulgadas = 1 pie).

Paso 1: Comprende el problema.

¿De qué trata el problema? Trata del largo del pie y de la altura de Eugenia.

¿Qué es lo que debes hacer? Calcular la altura de Eugenia, en pies.

¿Hay suficiente información para resolver el problema? Sí. Tú sabes cuántas veces mayor es la altura de una persona en relación con su pie, sabes el largo de su pie en pulgadas y sabes cuántas pulgadas hay en un pie.

Paso 2: Planea una estrategia.

¿Qué operaciones te parece que debieran usarse? La multiplicación, para encontrar la altura de Eugenia en pulgadas, luego la división, puesto que ahora tú conoces su altura total en pulgadas y el número de pulgadas que hay en un pie.

Estimado: El sentido común te indica que su altura debiera estar entre los 4 y 6 pies.

NOTA MATEMÁTICA

De nuevo te aconsejamos dibujar el problema para ayudarte a decidir qué operación usar. He aquí lo que puedes hacer:

1. Dibuja una línea para representar el largo del pie de Eugenia. Repite esta línea seis veces para representar la altura de Eugenia.

|———————|—————|—————|—————|—————|—————|

10 pulgadas 10 pulgadas 10 pulgadas 10 pulgadas 10 pulgadas 10 pulgadas

Ahora puedes sumar todos los largos que has dibujado o multiplicar el largo de cada pie por todos los largos que has dibujado.

2. Para encontrar el número de pies, divide el número del total de pulgadas por 12. (Dado el número total de pulgadas, encontrar el número de secciones de 12 pulgadas implica una división).

RASCACABEZAS 3

En este grupo de Rascacabezas, se te dan problemas de varios pasos con información suficiente para resolver cada uno de ellos.

En cada problema, responde lo siguiente:

a.   ¿De qué trata el problema?
b.   ¿Qué es lo que debes encontrar?
c.   ¿Qué operaciones sería lógico hacer?
d.   ¿Cuál es tu estimado?

Una vez que hayas contestado de a a d, enumera usando tus propias palabras los pasos necesarios para resolver el problema. No necesitas obtener la respuesta exacta.

1. El cine Roxy cobra $8,50 por persona de 13 años de edad o mayor y $4,25 por todo niño menor de 13 años. El viernes se recaudaron $850 en boletos para niños y $1.275 en boletos para personas de 13 años o mayores. ¿Cuántos boletos más se vendieron a los niños menores de 13 años que a las personas de 13 años y mayores?

2. La acción de ABC valía $12\frac{1}{8}$ puntos el lunes por la mañana. A las 10 A.M. las acciones de esta compañía habían subido $1\frac{1}{4}$ puntos. Entre las 10 A.M. y 1 P.M. las acciones perdieron $\frac{1}{16}$ de cada punto. Entre 1 P.M. y 3 P.M. las acciones aumentaron $\frac{1}{2}$ punto en precio pero entre 3 P.M. y el cierre de la bolsa bajaron $\frac{3}{4}$ en cada punto. ¿Cuál fue el valor de la acción de ABC al momento del cierre?

3. Graciela Garmendia plantó una hilera de gardenias en su jardín. Graciela plantó una gardenia cada 18 pulgadas en un largo total de 10 pies. ¿Cuántas gardenias plantó ella en la hilera? (SUGERENCIA: El problema será más fácil de resolver si dibujas una hilera de gardenias).

4. La compañía M&M afirma que en una bolsa de 500 pastillas hay unas 100 rojas y unas 50 verdes. En una bolsa de 500 pastillas, ¿cuántas no son ni verdes ni rojas?

5. El tablero del juego Monopolio tiene forma cuadrada. Cada lado tiene 11 casillas donde puede caer tu ficha. Si tú viajas cinco veces alrededor del tablero, ¿sobre cuántas casillas habrás pasado? (SUGERENCIA: Dibuja un diagrama del tablero, con 11 casillas en cada lado).

(Las respuestas están en la página 21).

Has leído los problemas con cuidado
y ya sabes planear,
las preguntas las comprendes
y por dónde calcular.
En las páginas siguientes
aprenderás sin gran demora,
el misterio y el secreto
de la matemática indolora.

RASCACABEZAS—RESPUESTAS

Rascacabezas 1, página 5

NOTA: Algunas de tus respuestas pueden estar escritas en forma distinta a las respuestas ofrecidas a continuación. ¡No te preocupes! Asegúrate de que el significado sea el mismo y con eso basta.

1. a. Una colección de tarjetas de béisbol.
   b. El número de tarjetas en la colección de Felicia.
   c. Sí. Tú conoces el número de tarjetas en la colección de Benito y cuántas más tarjetas hay en la colección de Felicia.

2. a. Comprar CDs.
   b. El precio de cade CD.
   c. Sí. Tú sabes cuál es el costo total y el número de CDs.

3. a. Sacar rollos y rollos de fotos.
   b. Cuántas fotos tomó María.
   c. Sí. Tú conoces el número de rollos que gastó María y el número de fotos por rollo.

4. a. Equipos de fútbol.
   b. El número total de jugadores en cada uno de los equipos.
   c. Sí. Tu sabes cuál es el número de jugadores en cada equipo.

5. a. Un paseo y pizzas.
   b. Cuánta gente asistió al paseo.
   c. Sí. Tú sabes cuántas pizzas hubo, cuántas porciones comió cada persona y también sabes que no quedó ninguna pizza al final.

6. a. Estacionamiento de autos.
   b. El precio por estacionar por $4\frac{1}{2}$ horas.
   c. Sí. Tú sabes el precio por hora y cuántas horas estuvo el automóvil estacionado.

7. a. El tiro de arco.
   b. Los puntos que obtuvo Diana.
   c. No. Tú no sabes cuál es el puntaje de cada anillo.

8. a. Trabajo en una tienda de artículos electrónicos.
   b. Cuánto ganó Carlos el domingo.
   c. Sí. Tú sabes cuánto se paga el trabajo en días festivos y el número de horas que Carlos trabajó.

9. a. Una visita al Museo de Ciencias.
   b. Cuántas personas de 12 años o más visitaron el museo el domingo.
   c. Sí. Tú sabes el precio total de boletos vendidos y el precio de cada boleto vendido a personas de 12 años o más.

10. a. Invenciones.
    b. El año en que se inventó el registrador de votos eléctrico.
    c. Sí. Tú sabes cuándo se inventó la bombilla eléctrica y cuántos años antes se había inventado el registrador de votos eléctrico.

Rascacabezas 2, página 12

1. a. El vólibol y el baloncesto.
   b. El año en que se inventó el baloncesto.
   c. Sí. Tú conoces el año en que el vólibol se convirtió en un deporte olímpico y cuántos años antes se había inventado el baloncesto.
   d. "Años antes" implica resta.
   e. Antes de 1900 (1964 – 73 < 1900).

2. a. Big Ben.
   b. El peso, en libras, de Big Ben.
   c. Sí. Tú conoces el peso en toneladas de Big Ben y el número de libras que hay en una tonelada.
   d. Multiplicación, ya que el número de libras en una tonelada multiplicado por el número de toneladas proporciona el número total de libras.
   e. Entre 60.000 y 80.000 ($30 \times 2.000 = 60.000$; $40 \times 2.000 = 80.000$).

3. a. Cuentas en un brazalete.
   b. El número de cuentas necesario para hacer un brazalete.
   c. Sí. Tú sabes el largo de cada cuenta y el largo del brazalete.
   d. División, ya que conoces el largo total del brazalete y el largo de cada cuenta.
   e. Más de 20. (Si cada cuenta fuese de 1 cm de largo, habría 20 cuentas en el brazalete. Como las cuentas tienen menos de 1 cm, se necesitan más cuentas).

4. a. La primera escuela médica para mujeres y cuándo fue que las mujeres obtuvieron el derecho de voto.
   b. El año en que las mujeres obtuvieron el derecho de voto.
   c. Sí. Tú conoces el año en que se inauguró la escuela médica y cuántos años después recibieron las mujeres el derecho de voto.
   d. "72 años después" implica una suma.
   e. Después de 1850.

5. a. Llamar por teléfono a la Casa Blanca desde la ciudad de Nueva York.
   b. El costo, por minuto, de una llamada telefónica en un día hábil.
   c. Sí. Tú sabes el costo total de la llamada y cuántos minutos duró la llamada.
   d. La división, puesto que tú conoces el costo total y el número de minutos que duró la llamada.
   e. Menos de 20¢ por minuto. (20¢ el minuto $\times$ 5 minutos = $1,00 pero el llamado costó menos de $1,00).

6. a. Dulces Life Savers.
   b. La cantidad de dulces en 12 paquetitos.
   c. Sí. Tú conoces el número de dulces en cada paquetito y el número de paquetitos que se compraron.
   d. La multiplicación, ya que conoces el número de grupos (paquetitos) y el número dentro de cada grupo (paquetito).
   e. Más de 120 dulces. (Si hubieran sólo 10 dulces en un paquetito, habría 120 dulces en 12 paquetitos).

Observa que las respuestas a las partes *a*, *b*, y *c* de los problemas 7 a 9 aparecen en las respuestas al Rascacabezas 1, Problemas 9, 1 y 10 en las páginas 19, 18 y 19, respectivamente.

7. d. La división, puesto que tú ya sabes el precio total de boletos vendidos y el precio de un boleto.
   e. Más de $1.000. (Si los boletos hubieran costado $6,00 cada uno y 1.000 boletos hubieran sido vendidos, se habrían vendido boletos sólo por valor de $6.000).

8. d. La suma, ya que conoces cuántas tarjetas tienen Benito y cuántas más tiene Felicia.
   e. Más de 300 tarjetas.

9. d. "11 años antes" implica una resta.
   e. Antes de 1870.

Rascacabezas 3, página 16

1. a. El cine Roxy y sus precios.
   b. Cuántos más boletos se vendieron a los niños que a los mayores.
   c. La división para ver cuántos boletos para la gente mayor fueron vendidos, la división para ver cuántos boletos se vendieron a los niños y luego la resta para ver cuántos más boletos se vendieron a los niños.
   d. Menos de 100 boletos adicionales. (Si calculáramos que se vendieron $800 \div 4 = 200$ boletos para niños y que se vendieron más de $1.000 \div 10 = 100$ boletos para los mayores).

2. a. La acción de ABC.
    b. El valor de la acción de ABC al momento del cierre.
    c. La suma para encontrar cada aumento y la resta para encontrar cada baja.
    d. Bastante cerca del valor original, ya que los aumentos y las bajas fueron relativamente menores.

3. a. El jardín de Graciela.
    b. El número de gardenias en la hilera.
    c. La multiplicación para encontrar el número total de pulgadas en 10 pies, la división para ver cuántos grupos de 18 pulgadas hay en la hilera. (NOTA: Acuérdate de sumar uno al cociente para tomar en cuenta la primera flor. Si dibujas una hilera de gardenias te será más fácil ver por qué necesitas dividir el largo total por la distancia entre cada flor, y por qué debes sumar un uno para tomar en cuenta la primera flor).
    d. Menos de 10 ($18 \times 10 = 180$; $180 > 120$).

4. a. Pastillas M&M.
    b. El número de pastillas en la bolsa que no son ni verdes ni rojas.
    c. La suma para ver cuántas son rojas o verdes y la resta para ver cuántas no son verdes o rojas.
    d. Más de 250. (Menos de la mitad de las pastillas son verdes o rojas).

5. a. Un tablero de Monopolio.
    b. Sobre cuántas casillas habrás pasado después de cinco vueltas.
    c. La palabra "veces" implica la multiplicación. (NOTA: Un dibujo te ayudará a contar el número de casillas que pasas en cada vuelta. De otro modo quizás decidas que hay 11 casillas multiplicadas por los 4 lados del tablero, o 44 casillas en total. ¡Esto no es correcto! Con un dibujo puedes ver que la casilla en cada extremo del tablero pertenece tanto a un lado del tablero como al otro y por eso debe contarse sólo una vez. Así, hay en realidad $44 - 4 = 40$ casillas en el tablero).
    d. Menos de 44. (Las casillas en las esquinas se cuentan como dos lados).

CAPÍTULO DOS

Los felices números enteros

Un problema verbal con números enteros
no necesita científicos ni ingenieros.
Basta con usar la imaginación
Y poner un poquito de atención.

OPERACIONES CON NÚMEROS ENTEROS

Ya has visto dos de los pasos descritos por George Polya para resolver problemas verbales. El Paso 1 consistía en comprender el problema, mientras que el Paso 2 pedía planear una estrategia. En este capítulo adquirirás más experiencia con el Paso 2 y además empezarás a usar el Paso 3 (realizarás el plan) y el paso 4 (verificarás tu trabajo).

Verás que algunos de los problemas y ejemplos del Capítulo 1 aparecerán en este y otros capítulos. Nota también que dejaremos de enumerar las tres preguntas que deben responderse en el Paso 1: ¿De qué trata el problema? ¿Qué es lo que debes encontrar? y ¿Hay suficiente información? Sin embargo, no olvides de preguntarte estas preguntas cada vez que planees una estrategia, estimes la respuesta y resuelvas el problema.

EJEMPLO:

El vólibol se convirtió en deporte olímpico oficial en 1964. El deporte del baloncesto se inventó 73 años antes que el vólibol se convirtiera en deporte olímpico. ¿En qué año se inventó el baloncesto?

Paso 2: Planea una estrategia.

¿Qué operación sería lógica aquí? "Años antes" sugiere la resta.

Estimado del año: Antes de 1900 (1964 − 73 < 1900).

Paso 3: Realiza el plan.

El baloncesto se inventó 73 años antes de que el vólibol se convirtiera en deporte olímpico oficial en 1964. Por lo tanto, resta 73 a 1964.

$$1964 − 73 = 1891$$

Paso 4: Verifica tu trabajo.

Una manera de verificar tu respuesta es la de trabajar al revés, es decir, usar *operaciones inversas*. Las operaciones básicas y sus correspondientes operaciones inversas se muestran en la siguiente tabla.

Operación	Operación inversa para verificación
suma	resta
resta	suma
multiplicación	división
división	multiplicación

Para resolver este problema, tú usaste la resta. Por lo tanto, para verificar tu respuesta, usa la suma. Para verificar que $1964 - 73 = 1891$, suma.

$$1891 + 73 = 1964$$

Como 1964 es el año en que el vólibol se convirtió en un deporte olímpico oficial, 1891 es la respuesta correcta. La verificación dio buen resultado. El baloncesto se inventó en 1891.

EJEMPLO:

La altura de Eugenia es más o menos seis veces el largo de su pie. Si su pie mide unas 10 pulgadas, ¿cuántos pies de altura tiene Eugenia?

Paso 2: Planea una estrategia.

¿Qué operaciones parecen tener sentido aquí? La multiplicación para encontrar la altura, en pulgadas, de Eugenia, y luego la división puesto que conocemos su altura total en pulgadas y el número de pulgadas que hay en un pie.

Estimado de la altura de Eugenia: Un estimado razonable es 4 a 6 pies.

Paso 3: Realiza el plan.

Primero, multiplica el largo del pie de Eugenia por 6.

$$10 \text{ pulg} \times 6 = 60 \text{ pulg}$$

¡Pero espera un momento! ¡La pregunta pide la altura en pies y nosotros la tenemos en pulgadas! Por eso, cambia 60 pulgadas a pies, sabiendo que hay 12 pulgadas en cada pie.

$$60 \text{ pulg} \div 12 \text{ pulg por pie} = 5 \text{ pies}$$

Paso 4: Verifica tu trabajo.

Trabaja al revés. Primero, verifica tu segunda operación. Como la operación había sido una división, haz ahora una multiplicación.

$$5 \text{ pies} \times 12 \text{ pulg por pie} = 60 \text{ pulg}$$

Esto está correcto. Eugenia tiene 60 pulgadas de altura. Segundo, verifica tu primera operación. Antes habías multiplicado, así que ahora divide.

$$60 \text{ pulg} \div 6 = 10 \text{ pulg}$$

Esto también está correcto. El pie de Eugenia tiene unas 10 pulgadas de largo.

Tu respuesta al problema está correcta. Eugenia tiene unos 5 pies de altura.

RASCACABEZAS 4

Para resolver cada uno de los siguientes problemas verbales, léelo cuidadosamente, planea una estrategia, estima la respuesta, realiza el plan y verifica tu trabajo. Luego, usando tus propias palabras, enumera los pasos que seguiste para resolver el problema.

El cuadro con soluciones que aparece al final de los problemas contiene las respuestas a los problemas. A medida que contestes cada problema, tarja la respuesta dentro del cuadro con soluciones. Usa el número que no fue tarjado para responder la siguiente pregunta:

En la película *El Mago de Oz*, ¿cuántos pares de zapatos se tiñeron de verde esmeralda para la procesión final?

1. Felicia Flaño tiene 75 tarjetas de béisbol más en su colección de las que Benito Buono tiene en la suya. Benito tiene 248 tarjetas. ¿Cuántas tarjetas tiene Felicia?

2. Hay 24 jugadores en el equipo de béisbol Grandiosos y 27 jugadores en el equipo de béisbol Águilas. Hay 18 menos jugadores en el equipo de fútbol Osos que en los dos equipos de béisbol combinados. Encuentra el número de jugadores en el equipo de fútbol Osos.

3. Jacobo Camino y Lisa Valla se inscribieron en una caminata de 8 millas. Jacobo tenía 12 patrocinadores que prometieron pagarle $4 por cada milla y Lisa tenía 18 patrocinadores que le prometieron $2 por milla. Si los dos terminaron la caminata, ¿cuánto más dinero recibió Jacobo de sus patrocinadores del que recibió Lisa de los suyos?

4. Boris Banquero tenía $1.000 en su cuenta de cheques. El lunes Boris hizo un depósito de $250 y el jueves sacó $540 de la cuenta. ¿Cuánto dinero quedó en la cuenta?

5. Un cúbito es una antigua medida correspondiente a la distancia entre el codo y la punta del dedo medio. El cúbito de José mide 20 pulgadas. ¿Cuántos cúbitos de José serían necesarios para cubrir una milla? (1 milla = 5.280 pies).

6. Mateo Correcto obtuvo 73, 85, 81 y 71 puntos en sus últimos cuatro exámenes de matemáticas. Todavía le queda un examen. Un puntaje total de 400 puntos en los cinco exámenes le dará a Mateo un promedio de 80. ¿Cuántos puntos debe obtener Mateo en el último examen para lograr un promedio de 80 puntos?

7. Un campo de estacionamiento cobra $6 por la primera hora y $5 por cada hora o parte de hora adicional. Si tú estacionas tu automóvil de la 1 P.M. hasta las 5:30 P.M., ¿cuánto deberás pagar?

8. Sorela Sónica compró un nuevo sistema estéreo. Dio un depósito de $25 y prometió pagar el resto en cuotas de $15 mensuales durante los próximos dos años. ¿Cuál es el precio total del sistema?

9. Niños de primaria participaron en una obra de beneficencia y vendieron papel de apuntes, a $12 por caja, y tarjetas, a $8 por caja. La clase vendió un total de 55 cajas de papel de apuntes y recibió un total de $1.236 por todo lo que vendieron. ¿Cuántas cajas de tarjetas vendió la clase?

10. Rápido Carril y sus tres amigos compraron un automóvil por $1.250. Lo arreglaron después de gastar $575 en repuestos y reparaciones. Luego vendieron el vehículo en $4.605. Si Rápido y sus amigos repartieron en partes iguales la ganancia, ¿cuánto recibió cada uno de la ganancia?

Cuadro con soluciones

33		90	
710	3.168		385
26	695	72	
323		300	96

(Las respuestas están en la página 50).

PROBLEMAS VERBALES: ENCUENTRA LA INFORMACIÓN

La información de un problema verbal
puede encontrarse en una presentación:
un gráfico, una tabla o una lista.
Aguza la vista y verás la solución.

¿Has buscado alguna vez tu comida favorita en un menú y luego encontrado el precio total de la comida? Si lo has hecho, entonces ya aprendiste otra estrategia de los problemas verbales: cómo encontrar en una presentación los datos (información numérica) necesarios para resolver un problema.

Los datos pueden estar presentados en distintas formas. Por ejemplo, calendarios, menús, horarios de tren, guías de televisión, formularios bancarios o de ventas, recetas y señales de tránsito. Piensa en otras formas de presentar datos. El mundo está lleno de listas y tablas, y es importante saber cómo leerlas.

EJEMPLO:

Pánfilo ordenó una Megamburguesa
con papas fritas. Jorge pidió una hamburguesa y una tarta de manzana. Usa
la tabla debajo para encontrar cuántas
más calorías había en la orden de
Pánfilo que en la orden de Jorge.

Guía de Nutrición de Hamburguesas Jalisco		
Artículo	**Calorías**	**Gramos de grasa**
Megamburguesa	640	39
Hamburguesa	260	10
Papas fritas	372	20
Alas de pollo	236	13
Tarta de manzana	320	14

Paso 2: Planea una estrategia.

¿Qué operaciones son lógicas aquí? La suma, para
encontrar el número total de calorías en la orden de
Pánfilo; la suma, para encontrar el número total de
calorías en la orden de Jorge, y luego la resta para
encontrar cuántas más calorías había en la orden de
Pánfilo que en la orden de Jorge.

Estimado: Unas 400 calorías. (La orden de Pánfilo tenía
más de 300 y más de 600 calorías (900 en total, más o
menos); la orden de Jorge tenía unas $200 + 300 = 500$
calorías, y $900 - 500 = 400$).

Paso 3: Realiza el plan.

Mira la tabla y sus tres columnas tituladas *Artículo*,
Calorías y *Gramos de grasa*. ¿Qué columnas necesi-
taremos para resolver el problema? Como la pregunta
abarca sólo los artículos de comida y el número de
calorías de cada artículo, sólo necesitamos las dos
primeras columnas.

Para la orden de Pánfilo, mira en la columna *Artículo* para
encontrar la Megamburguesa. Lee a la derecha la columna
Calorías para encontrar el número de calorías que con-

tiene una Megamburguesa (640). Al hacer lo mismo con las papas fritas, ves que éstas contienen 372 calorías.

Para encontrar el total de calorías en la orden de Pánfilo, suma $640 + 372 = 1.012$.

Para la orden de Jorge, mira en la columna *Artículo* y encuentra la hamburguesa que pidió. Mirando la columna *Calorías*, verás que una hamburguesa tiene 260 calorías. Si haces lo mismo con la tarta de manzana, descubres 320 calorías.
Para encontrar el total de calorías en la orden de Jorge, suma $260 + 320 = 580$.

La orden de Pánfilo tiene más calorías. Por eso, resta el número de calorías de la orden de Jorge al número de calorías de la orden de Pánfilo.

$$1.012 - 580 = 432$$

La orden de Pánfilo tiene 432 más calorías que la orden de Jorge.

Paso 4: Verifica tu trabajo.

Primero verifica las sumas mediante restas.

El pedido de Pánfilo: 1.012 (total de calorías) − 372 (calorías de las papas fritas) = 640 (calorías de la Megamburguesa) o, alternativamente, 1.012 − 640 = 372 (calorías de las papas fritas). ¡Todo correcto!

El pedido de Jorge: 580 (total de calorías) − 260 (calorías de la hamburguesa) = 320 (calorías de la tarta de manzana) o, alternativamente, 580 − 320 = 260 (calorías de la hamburguesa). ¡Todo correcto!

Luego, verifica la resta mediante la suma.

580 (el total de calorías de Jorge) + 432 (el número de calorías mayor en la orden de Pánfilo) = 1.012 (total de calorías en la orden de Pánfilo). ¡Correcto de nuevo!

EJEMPLO:

La familia de Raquel fue en carro de Boston a Cleveland. La familia de Héctor fue en carro de Cleveland a Nueva York y luego de Nueva York a Boston. ¿Qué familia viajó una distancia mayor? ¿Cuántos kilómetros más?

Tabla de distancias (en kilómetros)

Salida	Boston	Nueva York	Cleveland	Los Angeles
		Llegada		
Boston		350	1.035	5.040
Nueva York	350	—	810	4.685
Cleveland	1.035	810	—	4.000
Los Angeles	5.040	4.685	4.000	—

Paso 2: Planea una estrategia. Encuentra la información.
¿Qué operaciones parecen lógicas? La suma, para encontrar el kilometraje total hecho por la familia de Héctor; la resta para encontrar el kilometraje adicional hecho por una de las dos familias.
Estimado: La familia de Héctor manejó unos 100 kilómetros más que la familia de Raquel (la familia de Héctor manejó cerca de 800 + 350 = 1.150 kilómetros, mientras que la familia de Raquel manejó un poco más de 1.000 kilómetros).

Paso 3: Realiza el plan.
Debes encontrar el total de las distancias recorridas por ambas familias y luego compararlas para ver qué familia viajó una distancia mayor. Luego podrás calcular cuántos kilómetros más viajó una familia que otra. Busca las palabras que te ayudarán a usar la tabla correctamente. Si la familia de Raquel viajó *de* Boston, significa que el punto inicial del viaje fue Boston. Que fue *a* Cleveland significa que el destino o punto final fue esa ciudad. Mira bajo "Salida" para encontrar Boston. Pon tu dedo o un lápiz en Boston. Muévelo hasta llegar a la columna titulada "Cleveland". Tu dedo debiera estar posado sobre el número 1.035. Hay 1.035 kilómetros de Boston a Cleveland.

Haz lo mismo con la familia de Héctor. Esta familia fue *de* Cleveland (ciudad de salida) *a* Nueva York (ciudad de llegada). Mira bajo la columna titulada "Salida" y encuentra Cleveland. Dirígete a la columna titulada "Nueva York" y verás que tienes el número 810. La familia de Héctor viajó 810 kilómetros de Clevelend a Nueva York.

Luego la familia salió de Nueva York y viajó *a* Boston. Encuentra a Nueva York bajo la columna "Salida" y luego ubica la columna de "Boston". ¿Estás encima del número 350? ¡Bien! ¡Todo te está saliendo perfecto!

Ahora terminemos el problema. La distancia total de Héctor es la distancia recorrida a Nueva York (810 kilómetros) combinada con la distancia recorrida a Boston (350 kilómetros). Para encontrar la distancia total, suma ambas distancias.

$$810\,km + 350\,km = 1.160\,km$$

La familia de Raquel viajó 1.035 kilómetros y la familia de Héctor viajó 1.160 kilómetros. ¿Qué familia anduvo más? El número 1.160 es mayor que 1.035, de modo que la familia de Héctor viajó más. ¿Cuántos kilómetros más anduvo la familia de Héctor que la familia de Raquel? Resta para ver la respuesta.

$$1.160\,km - 1.035\,km = 125\,km$$

La familia de Héctor anduvo 125 kilómetros más que la familia de Raquel.

Paso 4: Verifica tu trabajo.

Primero, asegúrate de haber leído la tabla correctamente.

La distancia de Boston a Cleveland es de 1.035 kilómetros.
La distancia de Cleveland a Nueva York es de 810 kilómetros.
La distancia de Nueva York a Boston es de 350 kilómetros.

Segundo, verifica la distancia total recorrida por la familia de Héctor. La distancia total (1.160 kilómetros) se encontró mediante la suma. Verifica la suma mediante la resta.

$$1.160 \, km - 810 \, km = 350 \, km \text{ o bien} \quad ✓$$

$$1.160 \, km - 350 \, km = 810 \, km \quad ✓$$

Por último, verifica la diferencia de 125 kilómetros mediante la suma.

$$125 \, km + 1.035 \, km = 1.160 \, km \quad ✓$$

Resolver un problema toma tiempo,
pero no hay por qué llorar.
Mientras más practiques,
menos tardarás en triunfar.

RASCACABEZAS 5

Para cada uno de los problemas siguientes, obtén la información necesaria de las presentaciones que aparecen a continuación y planea una estrategia. Luego resuelve el problema. Recuerda de verificar tu trabajo.

1. Adolfo Ambulante planea arrendar un automóvil compacto para un viaje de negocios de 10 días. Su compañía pagará por el arriendo. Después de devolver ese automóvil, Adolfo planea arrendar un coche de tamaño mediano para salir con su familia por cinco días.

   a. ¿Cuál es el costo de arrendar un automóvil de lujo por tres días?

   b. ¿Cuál es el costo *mínimo* para la compañía de Adolfo si éste desea arrendar un automóvil compacto por 10 días?

c. ¿Cuál es el costo *mínimo* para Adolfo si éste desea arrendar un automóvil de tamaño mediano por cinco días?

Arriendos de Autos *El Barato*

Tipo	Precio diario	Precio por 3 días	Precio por una semana (7 días)
Compacto	$45	$120	$260
Tamaño mediano	$55	$150	$345
De lujo	$75	$200	$500

2. Tres amigos conversaban sobre los programas de TV que habían visto el lunes. Adán había mirado *Descubre*, *Fiesta Familiar* y *Policía de Nueva York*. Eliana vio *Ciudad Millonaria* y *México 1000*. Arturo miró *Noticias Financieras*, *Gran Deportivo*, *Noticias Musicales* y *Noticias Nocturnas*.

   a. ¿Qué amigo miró más televisión que nadie, en minutos?

   b. Otra amiga, Sofía, también miró TV el lunes. Miró solamente el Canal 4 por un total de 90 minutos. ¿Qué combinaciones de programas de TV puede ella haber mirado?

Programas de TV el lunes por la noche

Canal	Tiempo						
	7:00	7:30	8:00	8:30	9:00	9:30	10:00
4	Descubre	¡Ciencia!	Noticias Musicales		Noticias Nocturnas		
5	Ciudad Millonaria	México 1000		Fiesta Familiar	Policía de Nueva York		
7	Noticias Financieras	Gran Deportivo	Al Minuto		Loros Cantantes		

3. a. Jésica Diario entrega periódicos a las familias del vecindario. De lunes a sábado entrega 42 periódicos y el domingo entrega 50. Usa el calendario presentado a continuación para ver cuántos más periódicos entregó Jésica en enero que en febrero.

b. Zacarías y Micaela trabajan en un supermercado. Zacarías trabaja cinco horas cada quinto día y Micaela trabaja cuatro horas cada cuarto día. Ambos trabajaron el 24 de febrero y cada uno ganó $7 por hora. ¿Cuánto dinero ganó cada uno durante los meses de enero y febrero?

c. ¿Quién ganó más?

d. ¿Cuánto más ganó una persona que la otra?

Calendarios

Enero 2000

D	L	Ma	Mi	J	V	S
						1
2	3	4	5	6	7	8
9	10	11	12	13	14	15
16	17	18	19	20	21	22
23	24	25	26	27	28	29
30	31					

Febrero 2000

D	L	Ma	Mi	J	V	S
	1	2	3	4	5	
6	7	8	9	10	11	12
13	14	15	16	17	18	19
20	21	22	23	24	25	26
27	28	29				

(Las respuestas están en la página 56).

PROBLEMAS VERBALES: ESTRATEGIAS Y SOLUCIONES

Cuando leas un problema
y la estrategia no puedas encontrar,
haz una lista,
supón y verifica,
dibuja un esquema...
o encuentra una pauta
y así lo podrás hallar.

Cada vez que te enfrentes con un problema verbal, necesitarás una estrategia para hallar la solución. Distintos problemas requieren distintas estrategias. Algunas estrategias requieren hacer una lista, otras necesitan que supongas y verifiques o que hagas un dibujo o diagrama. Pero no te afanes en buscar la "única manera" de solucionar un problema, pues a menudo un

problema verbal puede solucionarse con cualquiera de varias
estrategias distintas.

Haz una lista organizada

EJEMPLO:

Mario, Patricio y David compraron una caja de seis dulces
y decidieron repartirlos entre
los tres. Si ninguno de los dul-

ces ha de cortarse en pedazos, ¿de cuántas maneras pueden
distribuirse estos dulces de modo que cada niño reciba por
lo menos un dulce?

Paso 2: Planea una estrategia. Haz una lista.

La frase *repartirlos entre los tres* sugiere la división.
Sin embargo, los dulces no tienen por qué ser com-
partidos en partes iguales. Por eso una simple división
no es lo indicado. Además, no se pregunta aquí cuántos
dulces recibe cada persona, sino de cuántas maneras
pueden distribuirse éstos. *De cuántas maneras*
significa que debes encontrar todas las maneras posibles y luego debes contarlas. Para lograr esto, es muy
aconsejable hacer una lista organizada de todas las
posibilidades.

Tu lista necesitará tener los nombres de las personas
que reciben los dulces: Mario, Patricio y David. Bajo
cada nombre, pon el número de dulces que esta persona recibe. Aquí están los títulos de la lista, la cual
puede organizarse en forma de tabla.

Mario   Patricio David   Número total de dulces

Sabes que hay seis dulces en total y que cada persona
debe recibir por lo menos un dulce. Esto significa que
estás buscando tres números que sumados lleguen a seis
y que además uno de los números no puede ser cero.
Una manera de comenzar la lista organizada consiste
en dar a Mario un dulce. Esto deja 6 − 1 = 5 dulces
para distribuir entre Patricio y David.

Paso 3: Realiza el plan.

Encontremos las distintas maneras en que cinco dulces pueden distribuirse entre Patricio y David.

Mario	Patricio	David	Número total de dulces
1	1	4	$1 + (1 + 4) = 1 + 5 = 6$
1	2	3	$1 + (2 + 3) = 1 + 5 = 6$
1	3	2	$1 + (3 + 2) = 1 + 5 = 6$
1	4	1	$1 + (4 + 1) = 1 + 5 = 6$
~~1~~	~~5~~	~~0~~	Oh-oh, David necesita tener un dulce, así que 1-5-0 no se permite.

Nota que dar dos dulces a Patricio y tres dulces a David no es lo mismo que dar tres dulces a Patricio y dos dulces a David. También, dar un dulce a Patricio y cuatro dulces a David no es lo mismo que dar cuatro dulces a Patricio y uno a David.

Así, puedes ver que hay cuatro maneras de distribuir seis dulces si Mario recibe sólo un dulce. ¿Te fijaste cómo hemos organizado el número de dulces que recibe Patricio? Primero éste recibió uno, luego dos, luego tres y luego cuatro, terminando con cuatro las posibilidades.

Demos ahora a Mario dos dulces. Esto nos dejará con $6 - 2 = 4$ dulces para dar a Patricio y David. Añade estas posibilidades a tu lista.

Mario	Patricio	David	Número total de dulces
1	1	4	
1	2	3	
1	3	2	
1	4	1	
2	1	3	$2 + (1 + 3) = 2 + 4 = 6$
2	2	2	$2 + (2 + 2) = 2 + 4 = 6$
2	3	1	$2 + (3 + 1) = 2 + 4 = 6$
2̶	4̶	0̶	Oh-oh, David necesita tener un dulce, así que 2-4-0 no es posible.

Hay tres maneras posibles de distribuir seis dulces si Mario recibe sólo dos dulces.

Continúa ahora tu lista y da tres dulces a Mario. Esto deja $6 - 3 = 3$ dulces para los otros dos.

3	1	2	$3 + (1 + 2) = 3 + 3 = 6$
3	2	1	$3 + (2 + 1) = 3 + 3 = 6$
3̶	3̶	0̶	Oh-oh, David necesita tener un dulce, así que 3-3-0 no es posible.

Hay dos maneras de distribuir seis dulces si Mario recibe tres dulces.

Da ahora cuatro dulces a Mario. Esto deja $6 - 4 = 2$ dulces para los otros dos.

4	1	1	$4 + (1 + 1) = 4 + 2 = 6$
4̶	2̶	0̶	¡Pobre David! ¿Dónde está su dulce? Así es, 4-2-0 no es puede.

Sólo hay una manera de dar seis dulces si Mario recibe cuatro dulces.

Hasta aquí hemos tenido $4 + 3 + 2 + 1 = 10$ maneras de repartir seis dulces.

Trata de dar a Mario cinco dulces. Esto deja sólo un dulce para ser distribuido entre dos personas. Esto no es posible, porque no se permite cortar los dulces. Tampoco pueden darse a Mario los seis dulces.

Es más fácil encontrar la solución cuando se hace una lista organizada. Vemos así que hay diez maneras distintas de distribuir seis dulces entre tres personas si cada persona recibe por lo menos un dulce.

Paso 4: Verifica tu trabajo.

Si estudias tu lista con cuidado, verás que has encontrado todas las maneras de distribuir los dulces.

Mario	Patricio	David	Número total de dulces
1	1	4	$1 + (1 + 4) = 1 + 5 = 6$
1	2	3	$1 + (2 + 3) = 1 + 5 = 6$
1	3	2	$1 + (3 + 2) = 1 + 5 = 6$
1	4	1	$1 + (4 + 1) = 1 + 5 = 6$
2	1	3	$2 + (1 + 3) = 2 + 4 = 6$
2	2	2	$2 + (2 + 2) = 2 + 4 = 6$
2	3	1	$2 + (3 + 1) = 2 + 4 = 6$
3	1	2	$3 + (1 + 2) = 3 + 3 = 6$
3	2	1	$3 + (2 + 1) = 3 + 3 = 6$
4	1	1	$4 + (1 + 1) = 4 + 2 = 6$

Hay cuatro maneras en que Mario puede tener un dulce, tres maneras en que puede tener dos dulces, dos maneras en que puede tener tres dulces y una manera en que puede tener cuatro dulces. Si cuentas en la tabla las maneras en que Patricio o David puede tener uno, dos, tres y cuatro dulces, verás que los números son iguales a los de Mario.

Supón y verifica

A veces, la manera más fácil de resolver un problema verbal consiste en suponer una posible respuesta y luego verificarla para ver si tu suposición era correcta.

Primero, supón un número que pueda ajustarse a las condiciones del problema.

Segundo, verifica tu suposición. ¿Satisface ésta las condiciones del problema?

Si las satisface, ¡estás listo! Si no las satisface, sigue suponiendo hasta que una de tus suposiciones satisfaga las condiciones del problema.

(NOTA: Anota tus suposiciones. Esto te ayudará a ir acercándote a la solución).

EJEMPLO:

Zeno compró un CD y un casete. Sin contar el impuesto, el costo total fue de $20. El CD costó $10 más que el casete. Encuentra el precio del CD y del casete.

Paso 2: Planea una estrategia. Supón y verifica.

Hagamos una lista de suposiciones que puedan corresponder al CD y casete de Zeno.

No olvides de anotar tus suposiciones.

Costo del CD	Costo del casete	Total (debiera equivaler a $20)	Diferencia (debiera ser de $10)
$10	$10	$20 (10 + 10 = 20)	$0 ($10 – $10 = $0 más) Trata otra suposición.
$11	$9	$20 (11 + 9 = 20)	$2 ($11 – $9 = $2 más) Trata de nuevo.
$12	$8	$20 (12 + 8 = 20)	$4 ($12 – $8 = $4 más) ¡Trata de nuevo!
$13	$7	$20 (13 + 7 = 20)	$6 ($13 – $7 = $6) Caliente, caliente...
$14	$6	$20 (14 + 6 = 20)	$8 ($14 – $6 = $8) ¡Muy caliente!
$15	$5	$20 (15 + 5 = 20)	$10 ($15 – $5 = $10) ¡Lo lograste!

El CD costó $15 y el casete costó $5.

NOTA MATEMÁTICA

Los problemas del tipo "Dada la suma y la diferencia de dos números, ¿cuáles son los números?" aparecen en muchos libros de álgebra. Este tipo de problema puede resolverse mediante ecuaciones, de las cuales hablaremos más adelante. En muchos problemas, si los números no son muy grandes, el plan de suposición con verificación da muy buenos resultados.

Haz un dibujo o un diagrama

EJEMPLO:

Hay cuatro personas en una
fiesta. Cada persona estrecha las
manos sólo una vez con cada una

de las otras personas. ¿Cuántos apretones de manos ocurren?

Paso 2: Planea una estrategia. Dibuja un diagrama.

A primera vista podrías pensar que la respuesta es 4
personas × 4 apretones, es decir, 16 apretones en total.
Pero espera, ¿es lógico esto? ¿Estrecharías tú tu propia
mano? ¿A lo mejor se trata de 4 personas × 3 apretones
por Persona, es decir, 12 apretones? Hagamos diagramas para solucionar el problema.

Paso 3: Realiza el plan.

Llamemos A, B, C y D a las cuatro personas. Empleando
diagramas podemos mostrar los apretones de manos.
La Persona A estrecha las manos con las Personas B, C
y D, con lo cual tenemos tres apretones de manos.

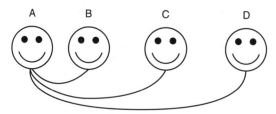

(NOTA: Se necesitan dos personas para lograr un apretón
de manos. Así, cuando la Persona A estrecha la mano
de la Persona B, la Persona B estrecha al mismo tiempo
la mano de la Persona A).

La Persona B estrecha las manos de las Personas C y D,
creándose así dos apretones de manos más. (El apretón
de manos de la Persona B con la Persona A ya ha sido
contado).

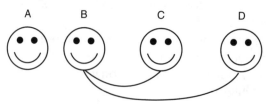

La Persona C estrecha la mano de la Persona D, creando un apretón adicional. (Los apretones de manos hechos por la Persona C con las Personas A y B ya fueron contados).

Todos ya han estrechado la mano de la Persona D, así que la Persona D no tiene que estrechar más manos. Hay $3 + 2 + 1 = 6$ apretones de manos entre las cuatro personas en la fiesta.

Observa que también podrías haber resuelto este problema si hubieras hecho una lista organizada. Esto lo podemos ver en el Paso 3.

Paso 3: Realiza el plan.
Enumera a todas las personas con quienes A estrecha manos.
A con B   A con C   A con D = 3 apretones de manos

Enumera los apretones de manos con B que no han sido mencionados.
B con C   B con D   = 2 apretones más
Haz lo mismo con C.
C con D   = 1 apretón más

Haz lo mismo con D. $= \dfrac{0 \text{ apretón}}{6 \text{ apretones}}$

Una vez más, vemos que hubo 6 apretones de manos entre las cuatro personas en la fiesta.

Paso 4: Verifica tu trabajo.
Una manera de verificar un resultado es la de estudiar el problema de modos distintos y lograr de todos modos la misma solución.
Esto lo logramos en el ejemplo recién visto cuando empleamos dos estrategias distintas: el uso de dia-

gramas y el uso de una lista organizada. Con ambos métodos se obtuvo la misma solución.

Busca la pauta

Cuando en un problema
una pauta es visible
la solución temprana
se hace muy factible.

El ejemplo siguiente amplía el ejemplo previo y hace necesaria la búsqueda de una pauta.

EJEMPLO:

Hay nueve personas en una fiesta. Cada persona estrecha las manos de las otras ocho personas una vez. ¿Cuántos apretones de manos se hacen en total?

Paso 2: Planea una estrategia. Busca una pauta.

Hacer dibujos o listas de todos los apretones de manos sería muy complicado. Cuando tienes un problema verbal "grande", a menudo lo mejor es simplificar el problema, organizar los datos más sencillos en una tabla y buscar allí algún tipo de pauta.

Step 3: Realiza el plan.

Para 3 personas hay 3 apretones de manos $(2 + 1 = 3)$. Para 2 personas, habrá sólo un apretón de manos y para 1 persona no habrá apretón alguno.

Estos datos se anotan en la tabla que aparece a continuación, junto con el resultado del Ejemplo previo. Nota la pauta que se observa con los incrementos: primero un incremento de 1, luego 2 y luego 3. Usa esta pauta para predecir el número de apretones de manos si hay 5 personas en la fiesta. Usa tu propio método para verificar tu suposición.

Número de personas	Número de apretones de manos	
1	0 ←	+1
2	1 ←	+2
3	3 ←	+3
4	6 ←	+?
5	?	

Siguiendo esta pauta, comprobarás que hay 10 apretones de manos entre cinco personas. Continúa con la misma pauta (u otra pauta que sea adecuada) para ver cuántos apretones hay con 6, 7, 8 y 9 personas.

Número de personas	Número de apretones de manos
1	0
2	1
3	3
4	6
5	10
6	15
7	21
8	28
9	36

Si hay 9 personas en la fiesta, hay 36 apretones de manos.

(Hecho interesante: En 1996, un hombre en India obtuvo el récord mundial de apretones de manos: En ocho horas estrechó las manos de 31.118 personas. ¡Imagínate si 31.118 personas estrecharan manos entre ellas!)

Paso 4: Verifica tu trabajo.

Se pudo prolongar la tabla al continuarse una pauta aritmética. Por lo tanto, debieras volver a la tabla y asegurarte de que tus sumas están bien hechas.

EJEMPLO:

Laura Piezquierdo comenzó a ejercitarse caminando. Caminó 1 milla en la primera semana, anduvo 5 millas en la segunda, 9 millas en la tercera, 13 millas en la cuarta y 17 millas en la quinta semana. Si continúa aumentando el millaje de sus caminatas de la misma manera, ¿en qué semana caminará ella 37 millas?

Paso 2: Planea una estrategia. Busca una pauta.

Haz primero una tabla de las semanas y de los números de millas caminadas en éstas. Luego busca una pauta.

Paso 3: Realiza el plan.

Semana	Millas caminadas
1	1
2	5
3	9
4	13

¿Cuántas millas más caminó Laura en la Semana 2 que en la Semana 1? ($5 - 1 = 4$ millas más).

¿Cuántas millas más caminó Laura en la Semana 3 que en la Semana 2? ($9 - 5 = 4$ millas más).

¿Cuántas millas más caminó Laura en la Semana 4 que en la Semana 3? ($13 - 9 = 4$ millas más).

Si Laura continúa caminando así, en cada semana futura habrá un aumento de 4 millas.

Prolonga la tabla empleando esta diferencia semanal de 4 millas.

Semana	Millas caminadas
5	13 + 4 = 17
6	17 + 4 = 21
7	21 + 4 = 25
8	25 + 4 = 29
9	29 + 4 = 33
10	33 + 4 = 37!!!

Laura habrá caminado 37 millas en la décima semana.

Puedes haberte dado cuenta de que no era necesario extender la tabla hasta la misma décima semana para resolver el problema. Quizás notaste que siempre añades 4 millas a un número que es uno menos que el número de la semana.

Semana 2: $\underline{1} \times 4 =$ 4 millas adicionales

Semana 3: $\underline{2} \times 4 =$ 8 millas adicionales

Semana 4: $\underline{3} \times 4 = 12$ millas adicionales

En la semana en que Laura caminó 37 millas por primera vez, ella añadió 36 millas a la distancia original de 1 milla. Como hay 36 ÷ 4 = 9 grupos de 4 en 36, debe ser en la décima semana porque el número de la semana es uno más que el número de grupos de 4 millas añadidos.

Paso 4: Verifica tu trabajo.

La solución de problemas buscando pautas de distintas maneras (¡y obteniendo el mismo resultado!) provee la verificación de la solución.

¿Te gusta una estrategia más que otra?
Muy bien, haz lo que te dé agrado.
Haz un dibujo, haz una lista,
o busca una pauta o dos,
suponer y verificar también es adecuado.
La estrategia *más fácil* es lo indicado.

RASCACABEZAS 6

Planea y realiza una estrategia para resolver los problemas verbales siguientes. Acuérdate de verificar tu trabajo. Al final de cada problema hay una letra. Coloca esa letra en la línea que corresponde a la respuesta numérica al problema en el código de respuestas que encontrarás al final de este grupo de problemas. Cuando hayas completado el código de respuestas, verás la respuesta a la pregunta siguiente:

¿Qué famoso caramelo fabricó Clarence Crane en 1912?

1. En un torneo de pelota en el cual hay diez equipos que deben competir uno con otro una vez y no más de una vez, ¿cuántos juegos va a haber? (R)

2. En un corral hay un total de ocho gallinas y cerdos. Hay 26 patas en total. ¿Cuántas gallinas hay en el corral? (S)

3. En el tiro de arco, el blanco tiene cinco anillos de colores: amarillo, rojo, azul, negro y blanco. ¿De cuántas maneras distintas pueden cuatro flechas dar en el blanco si *cada* flecha se ensarta en el anillo amarillo *o bien* el azul *o bien* el negro? (Recuerda que más de una flecha puede ensartarse en el anillo del mismo color y que no todos los anillos necesitan ser ensartados). (L)

4. Blas, Samuel y Jacinta invitaron, cada uno por su cuenta, a un amigo para ir a pasear. Cada uno de sus amigos invitó a dos amigos y cada uno de estos dos amigos invitó a tres amigos para ir al paseo. Si todos los invitados fueron al paseo, ¿cuánta gente fue? (E)

5. Bart, Burt, Bella y Bonnie son hermanos que recibieron dos entradas para ver todos los partidos de fútbol del equipo Planeta. Si las entradas son para un juego por semana, ¿por cuántas semanas pueden los cuatro hermanos asistir a los partidos sin repetir la misma combinación de hermanos? (V)

6. Debido a que nuevas familias van llegando al pueblo, la escuela está añadiendo una nueva ala a su edificio. Durante los cuatro años últimos, 3 nuevas familias llegaron en el primer año, 8 nuevas familias en el segundo año, 13 en el tercer año y 18 en el cuarto año. Si esta pauta continúa, ¿en cuántos años más habrá llegado un total de 43 familias al pueblo? (F)

7. Cristina trabaja los lunes, miércoles y sábados en una tienda. Trabaja por un total de 12 horas y puede elegir el número de horas que trabaja en cualquier día, siempre que trabaje un mínimo de tres horas diarias. Sabiéndose que Cristina no puede trabajar por fracciones de horas, ¿de cuántas maneras puede ella repartir sus horas de trabajo en los tres días? (A)

8. El precio total de un boleto de cine y de un chocolate es $11. El boleto cuesta $5 más que el chocolate. Encuentra el precio del boleto de cine. (S)

9. Roberto ha empezado a correr para ejercitarse. La primera semana corrió una milla, la segunda hizo dos millas, la tercera hizo cuatro millas, la cuarta hizo siete millas y la quinta semana corrió once millas. Si continúa aumentando su millaje según esta pauta, ¿cuántas millas correrá en la décima semana? (I)

10. La suma de los dígitos de un número de dos dígitos es nueve. La diferencia entre los dos dígitos es tres, y el dígito de las decenas es mayor que el dígito de las unidades. ¿Cuál es el número? (E)

Código de respuestas

Clarence Crane fabricó:

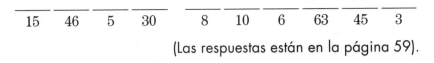

| 15 | 46 | 5 | 30 | | 8 | 10 | 6 | 63 | 45 | 3 |

(Las respuestas están en la página 59).

RASCACABEZAS—RESPUESTAS

Rascacabezas 4, página 27

1. Estimado: Más de 300 tarjetas (250 + 70 > 300).
   Suma para encontrar el número de tarjetas en la colección de Felicia.

   $$75 + 248 = 323 \text{ tarjetas}$$

   Hay 323 tarjetas en la colección de Felicia.

   Verifica la suma mediante la resta.

   $$323 - 75 = 248 \text{ tarjetas para Benito.}$$

   TARJA EL 323 EN EL CUADRO CON SOLUCIONES.

2. Estimado: Unos 30 (unos 50 jugadores en total de los equipos Grandiosos y Águilas, y 18 menos en el equipo Osos).
   Primero suma para encontrar el número total de jugadores de los equipos Grandiosos y Águilas.

   $$24 + 27 = 51 \text{ jugadores}$$

   Luego resta para encontrar el número de jugadores en el equipo Osos.

   $$51 - 18 = 33 \text{ jugadores.}$$

   Hay 33 jugadores en el equipo Osos.

   Verifica: Trabaja al revés.
   Primero verifica la resta mediante la suma.

   $$33 + 18 = 51 \text{ jugadores en los equipos Grandiosos y}$$
   $$\text{Águilas combinados.}$$

   Luego verifica la suma mediante la resta.

   $$51 - 27 = 24 \text{ jugadores en el equipo Grandiosos.} \checkmark$$

   TARJA EL 33 EN EL CUADRO CON SOLUCIONES.

3. Estimado: Difícil sin trabajar en el problema.
   Primero multiplica para encontrar el total que recibió Jacobo.

12 patrocinadores × $4 donados por milla = $48 obtenidos por milla.

$48 × 8 millas = $384 en total recibidos por Jacobo.

Segundo multiplica para encontrar el total que obtuvo Lisa.

18 patrocinadores × $2 donados por milla = $36 obtenidos por milla.

$36 × 8 millas = $288 en total recibidos por Lisa.

Luego resta para encontrar cuánto más obtuvo Jacobo que Lisa.

$384 − $288 = $96

Jacobo obtuvo $96 más que Lisa.

Verifica: Trabaja al revés.
Primero verifica la resta mediante la suma.

$96 + $288 = $384 obtenidos por Jacobo.

Luego verifica cada multiplicación mediante la división.

$288 ÷ 8 = $36 por cada milla caminada por Lisa.

$36 ÷ $2 = 18 patrocinadores para Lisa. ✓

$384 ÷ 8 = $48 por cada milla caminada por Jacobo.

$48 ÷ $4 = 12 patrocinadores para Jacobo. ✓

TARJA EL 96 EN EL CUADRO CON SOLUCIONES.

4. Estimado: Unos $800 (1.000 + 300 − 500)
   Primero suma el depósito de $250 a los $1.000 iniciales.

$1.000 + $250 = $1.250

Luego resta el retiro de $540.

$1.250 − $540 = $710

El balance después del depósito y el retiro es de $710.

Verifica: Trabaja al revés.
Primero verifica la resta mediante la suma.

$710 + $540 = $1.250

Luego verifica la suma mediante la resta.

$1.250 − $250 = $1.000, el balance inicial ✓

TARJA EL 710 EN EL CUADRO CON SOLUCIONES.

5. Estimado: Unos 3.000 (cada cúbito tiene menos de 2 pies de largo; 5.280 pies divididos en largos de 2 pies serían más de 2.500).
    Haz un dibujo para ayudarte a resolver el problema.

5.280 pies

Primero multiplica para cambiar los pies a pulgadas.

5.280 pies × 12 pulg por pie = 63.360 pulg

Luego divide para ver cuántas unidades de 20 pulgadas (cúbitos) hay en 63.360 pulgadas.

63.360 pulg ÷ 20 pulg por cúbito = 3.168 cúbitos

3.168 de los cúbitos de José, puestos de punta a punta, cubrirían una milla.

Verifica: Trabaja al revés.
Primero verifica la división mediante la multiplicación.

3.168 cúbitos × 20 pulg por cúbito = 63.360 pulg

Luego verifica la multiplicación mediante la división.

63.360 ÷ 12 pulg por pie = 5.280 pies

TARJA EL 3.168 EN EL CUADRO CON SOLUCIONES.

6. Estimado: Más de 80 (hasta el momento, Mateo tiene más puntos por debajo de 80 que por encima).
    Suma para ver cuántos puntos Mateo ha acumulado hasta la fecha.

73 + 85 + 81 + 71 = 310 puntos

Resta para encontrar cuántos puntos necesita Mateo para tener un total de 400 puntos.

$$400 - 310 = 90 \text{ puntos}$$

Mateo necesita 90 puntos en su quinto examen para tener un promedio de 80.

Verifica: Trabaja al revés.
Primero verifica la resta mediante la suma.

$$90 + 310 = 400 \text{ puntos}$$

Luego verifica tu suma original para asegurarte de que los puntajes combinados llegan a 310 puntos.

TARJA EL 90 EN EL CUADRO CON SOLUCIONES.

7. Estimado: Más de $20 (4 hr × $5/hr = $20).
   Primero encuentra cuánto tiempo estuvo el automóvil estacionado a los precios indicados en el problema.

En la primera hora (de 1:00 a 2:00): $6/hr

En las tres horas siguientes
(2:00 a 3:00, 3:00 a 4:00 y 4:00 a 5:00): $5/hr

En la última media hora (5:00 a 5:30): también $5/hr,
ya que cualquier parte de hora adicional
se cobra como hora completa.

Luego multiplica cada número de horas por el correcto precio por hora.

$$1 \text{ hr} \times \$6/\text{hr} = \$6$$

$$4 \text{ hr} \times \$5/\text{hr} = \$20$$

Finalmente, suma para encontrar el costo total del estacionamiento.

$$\$6 + \$20 = \$26$$

Cuesta $26 estacionar el automóvil durante cuatro horas y media.

Verifica: Trabaja al revés.
Primero verifica la suma mediante la resta.

$$\$26 - \$6 = \$20 \text{ o bien } \$26 - \$20 = \$6$$

Luego verifica las multiplicaciones mediante divisiones.

$$\$20 \div \$5/\text{hr} = 4\,\text{hr}$$

$$\$6 \div \$6/\text{hr} = 1\,\text{hr}$$

TARJA EL 26 EN EL CUADRO CON SOLUCIONES.

8. Estimado: Más de $300 ($150 por 10 meses; $300 por 20 meses; 20 meses es menos que 2 años).
    Primero multiplica para cambiar 2 años en meses.

$$2 \text{ años} \times 12 = 24 \text{ meses}$$

Luego multiplica para ver la cantidad que se pagó en cuotas en 24 meses.

$$\$15/\text{mes} \times 24 \text{ meses} = \$360$$

Luego suma para encontrar el costo total, incluyendo el depósito de $25.

$$\$360 + \$25 = \$385$$

El costo total del sistema estéreo fue de $385.

Verifica: Trabaja al revés.
Primero verifica la suma mediante la resta.

$$\$385 - \$25 = \$360$$

Luego verifica las multiplicaciones mediante divisiones.

$$\$360 \div \$15/\text{mes} = 24 \text{ meses}$$

$$24 \text{ meses} \div 12 = 2 \text{ años} \ \checkmark$$

TARJA EL 385 EN EL CUADRO CON SOLUCIONES.

9. Estimado: Unas 60 cajas (más de unos $10 por caja de papel de apuntes significa que estas cajas se vendieron por más de $550; más de unos $1.200 recolectados por todas las ventas significa que cerca de $500 o $600 se obtuvo por las tarjetas; a $8 por caja, se habrían vendido más de 60).

Primero, multiplica para conocer el total recolectado por la venta de papel de apuntes.

$$\$12 \text{ por caja} \times 55 \text{ cajas} = \$660$$

Segundo, resta para ver la cantidad obtenida por la venta de las tarjetas.

$$\$1,236 - \$660 = \$576$$

Por último, divide para encontrar cuántas cajas de tarjetas se vendieron.

$$\$576 \div \$8 \text{ por caja} = 72 \text{ cajas}$$

Se vendieron 72 cajas de tarjetas.

Verifica: Trabaja al revés.
Primero verifica la división mediante la multiplicación.

$$72 \text{ cajas} \times \$8 \text{ por caja} = \$576$$

Luego verifica la resta mediante la suma.

$$\$576 + \$660 = \$1.236$$

Finalmente, verifica la multiplicación mediante la división.

$$\$660 \div 55 \text{ cajas} = \$12 \text{ por caja por el papel de apuntes.}$$

TARJA EL 72 EN EL CUADRO CON SOLUCIONES.

10. Estimado: Unos $700 (después de ser reparado, el automóvil costó más de $1.800; la ganancia de la venta ascendió a unos $2.800 y se distribuyó entre los cuatro amigos).
Primero suma para ver cuánto se gastó en total por el automóvil.

$$\$1.250 + \$575 = \$1.825$$

Luego resta para encontrar la ganancia obtenida con la venta del carro.

$$\$4.605 - \$1.825 = \$2.780$$

Por último divide para encontrar cuánto recibió cada amigo.

$$\$2.780 \div 4 = \$695$$

Cada amigo recibió $695.

Verifica: Trabaja al revés.
Primero verifica la división con la multiplicación.

$$\$695 \times 4 = \$2.780 \text{ de ganancia total}$$

Luego verifica la resta con la suma.

$$\$2.780 + \$1.825 = \$4.605$$

Finalmente, verifica la suma con la resta.

$$\$1.825 - \$575 = \$1.250$$

TARJA EL 695 EN EL CUADRO CON SOLUCIONES.

El único número en el cuadro con soluciones que ha quedado sin tarjar es el 300. Para la película *El Mago de Oz*, 300 pares de zapatos se tiñeron de verde para la procesión final.

Rascacabezas 5, página 34

1. a. $200 (mira la tabla).
   b. Para determinar el *costo mínimo* de un arriendo de un automóvil compacto por 10 días, usa la informa-  ción contenida en la tabla. Bajo la columna titulada *Tipo*, encuentra *Compacto* y estudia este renglón. Un arriendo de 10 días de un auto compacto puede consistir en 10 días por $45 diarios (10 × $45 = $450); o tres períodos de 3 días más un día adicional (3 × $120 + $45 = $360 + $45 = $405); o una semana completa de 7 días más un período de 3 días ($260 + $120 = $380). Como $380 es menos que cualquiera de los otros dos costos, el costo mínimo es $380.
   c. Para determinar el *costo mínimo* de un arriendo de un automóvil mediano por 5 días, usa nuevamente la informa- ción contenida en la tabla. Bajo la columna titulada *Tipo*, encuentra *Tamaño mediano* y estudia este renglón. Un arriendo de 5 días de un auto mediano puede consistir en 5 días por $55 diarios (5 × $55 = $275); o un período de 3 días más 2 días adicionales [$150 + (2 × $55) = $150 + $110 = $260]. Como $260 es menos que $275, $260 es el costo mínimo.

2. a. Para ver cuánto tiempo miró televisión Adán, estudia la tabla con programas. Adán miró los programas siguientes:

Descubre desde las 7 hasta las 7:30, es decir, 30 minutos
Fiesta Familiar desde las 8:30 hasta las 9, es decir, 30 minutos
Policía de Nueva York desde las 9 hasta las 10, o sea, 60 minutos

Adán miró televisión por un total de 120 minutos.
Encuentra ahora cuánto tiempo miró televisión Eliana.
Ella miró los programas siguientes:

Ciudad Millonaria desde las 7 hasta las 7:30, o sea 30 minutos
México 1000 desde las 7:30 hasta las 8:30, o sea, 60 minutos

Eliana miró por un total de 90 minutos.
Por último, encuentra cuánto tiempo miró televisión Arturo.
Arturo miró los programas siguientes:

Noticias Financieras desde las 7 hasta las 7:30, o sea, 30 minutos
Gran Deportivo desde las 7:30 hasta las 8, es decir, 30 minutos
Noticias Musicales desde las 8 hasta las 9, es decir, 60 minutos
Noticias Nocturnas desde las 9 hasta las 10, es decir, 60 minutos

Arturo miró televisión por un total de 180 minutos.
Arturo miró más televisión que nadie.

   b. Encuentra el Canal 4 en la debida columna y lee lo que sigue. Sofía podría haber mirado los siguientes programas en el Canal 4 por un total de 90 minutos:

Descubre (30 minutos) y *Noticias Musicales* (60 minutos)
¡Ciencia! (30 minutos) y *Noticias Musicales* (60 minutos)
Descubre (30 minutos) y *Noticias Nocturnas* (60 minutos)
¡Ciencia! (30 minutos) y *Noticias Nocturnas* (60 minutos)

3. a. Encuentra primero el número de periódicos lunes-sábado que Jésica entrega en enero.

Hay seis días de lunes a sábado. Hay cuatro intervalos lunes-sábado y un sábado y un lunes adicionales en enero, para un total de $(4 \times 6) + 2 = 26$ días. Esto significa un total de 26 días $\times$ 42 periódicos por día, o 1.092 periódicos entregados entre lunes y sábado en enero.

Encontremos ahora el número de periódicos domingueros entregados en enero.

Hay cinco domingos en enero, con un total de 5 × 50 = 250 periódicos domingueros entregados.

Suma para encontrar el número total de periódicos que Jésica entregó en enero.

1.092 + 250 = 1.342 periódicos entregados en enero.

Sigue los mismos pasos para encontrar el número de periódicos que Jésica entregó en febrero.

Hay tres períodos lunes-sábado de seis días y cinco días adicionales en la primera semana y dos días adicionales en la última semana de febrero, lo que da un total de (3 × 6) + 5 + 2 = 25 días de periódicos entregados de lunes a sábado. Este es un total de 25 días × 42 periódicos por día, o 1.050 periódicos lunes-sábado entregados en febrero.

Encontremos ahora el número de periódicos domingueros entregados en febrero.

Hay cuatro domingos en febrero, lo que da un total de 4 × 50 = 200 periódicos domingueros entregados.

Suma para encontrar el número total de periódicos que Jésica entregó en febrero.

1.050 + 200 = 1.250 periódicos entregados en febrero.

Por último, resta para ver cuántos más periódicos Jésica entregó en enero que en febrero.

1.342 − 1.250 = 92 más periódicos en enero que en febrero.

b. Primero, encuentra cuántos días trabajó Zacarías.
Pon tu lápiz sobre el 24 de febrero (un día de trabajo). Cuenta cinco días hacia adelante hasta el 29 de febrero para contar otro día de trabajo. Ahora retorna al 24 de febrero. Cuenta hacia atrás de a cinco días para encontrar los otros días en que Zacarías trabajó: el 19, 14, 9 y 4 de febrero, y el 30, 25, 20, 15, 10 y 5 de enero, lo cual indica que trabajó 10 días más. En cada uno de los 1 + 1 + 10 = 12 días trabajados, Zacarías trabajó 5 horas.

5 horas por día × 12 días = 60 horas

Zacarías ganó $7 por hora.

$7 × 60 horas = $420

Encuentra ahora el número de días que trabajó Micaela. Vuelve al 24 de febrero (un día). Cuenta hacia adelante cuatro días hasta el 28 de febrero para contar otro día de trabajo. Luego, vuelve al 24 de febrero. Cuenta hacia atrás de a cuatro días para encontrar los otros días de trabajo de Micaela: el 20, 16, 12, 8 y 4 de febrero, y el 31, 27, 23, 19, 15, 11, 7 y 3 de enero, con lo que tenemos otros 13 días. Cada uno de los 1 + 1 + 13 = 15 días Micaela trabajó 4 horas.

4 horas por día × 15 días = 60 horas

Micaela también ganó $7 por hora.

$7 × 60 horas = $420

c. Tanto Zacarías como Micaela ganaron $420.
d. Ambos ganaron la misma cantidad.

Rascacabezas 6, página 48

1. Primero, simplifica el problema y considera cuál sería el número de juegos si hubiese 2 y luego 3, 4 y 5 equipos. Usa tu propio método para determinar el número de juegos que tendrían estos equipos. Puedes usar dibujos, o nombrar los equipos y ponerlos en pares en una lista.
Organiza tus datos en una tabla. Busca pautas y aplícalas a la tabla, la cual debiera verse como ésta:

Número de equipos	2	3	4	5	6	7	8	9	10
Número de juegos	1	3	6	10	15	21	28	36	45

Cuando hay 10 equipos, se juegan 45 juegos.
Pon una R sobre la línea del 45.

2. Supón y verifica mediante una lista de suposiciones. (Si sabes cómo usar una ecuación, hazla. Las ecuaciones se explicarán en el Capítulo Ocho).

Supón dos números cuya suma es igual a cero.

Número de gallinas (2 patas)	Número de cerdos (4 patas)	Número total de animales (suma que da 8)	Número total de patas (26 patas)
1	7	$1 + 7 = 8$	$(1 \times 2) + (7 \times 4) = 30$
2	6	$2 + 6 = 8$	$(2 \times 2) + (6 \times 4) = 28$
3	5	$3 + 5 = 8$	$(3 \times 2) + (5 \times 4) = ¡26!$

Hay tres gallinas en el corral.
Pon una S en la línea del 3.

3. Haz una lista organizada con los anillos de colores. En cada blanco la suma será cuatro, pues el total de flechas es cuatro. Recuerda que un anillo puede ser atravesado más de una vez y que no todos los colores necesitan ser atravesados por las flechas.

Amarillo	Azul	Negro
4	—	—
3	1	—
3	—	1
2	2	—
2	1	1
2	—	—
1	3	—
1	2	1
1	1	2
1	—	3
—	4	—
—	3	1
—	2	2
—	1	3
—	—	4

Hay 15 maneras de dar en el blanco.
Pon una L sobre la línea del 15.

4. Haz un dibujo (la "x" representa a una persona). Aquí hay un ejemplo de un dibujo.

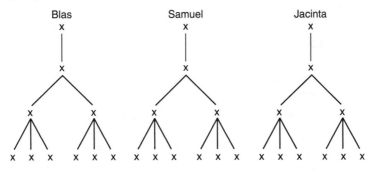

El total de "x" que representan personas es 30. Este diagrama se llama *diagrama de árbol.*
Pon una E sobre la línea del 30.

5. Haz una lista de combinaciones de dos hermanos. Recuerda que la combinación Bart-Burt es la misma que Burt-Bart y que hay otras combinaciones similares.

Bart-Burt; Bart-Bella; Bart-Bonnie
Burt-Bella; Burt-Bonnie
Bella-Bonnie

Los hermanos pueden usar entradas durante seis semanas sin repetirse una combinación de hermanos.
Pon una V sobre la línea del 6.

6. Pon los números y trata de ver una pauta.

$$3, 8, 13, 18$$

$$3 + \mathbf{5} = 8; 8 + \mathbf{5} = 13; \text{ y } 13 + \mathbf{5} = 18$$

¿Te das cuenta de que estás añadiendo 5 cada vez? Esto significa que cada año llegan 5 más familias de lo que llegaban el año pasado. Si esta pauta de 5 más con cada año adicional continúa, la lista puede crecer hasta que se llegue al total de 43 familias.

$$18 + 5 = 23; 23 + 5 = 28; 28 + 5 = 33; 33 + 5 = 38; 38 + 5 = 43$$

Habrá 43 nuevas familias en 5 años más (23, 28, 33, 38, 43).

Pon una F sobre la línea del 5.

7. Haz una lista organizada de los días en que Cristina trabaja y del número de horas que trabaja cada día (por lo menos tres horas cada día y por un total de 12 horas).

Comienza indicando todas las maneras en que Cristina puede trabajar 3 horas el lunes. (Resta el número de horas del lunes a 12 para encontrar el número de horas que quedan: $12 - 3 = 9$. Encuentra dos números cuya suma sea 9 para los otros dos días. Recuerda que cada número debe ser por lo menos 3).

Lunes	Miércoles	Sábado	Total de horas
3	3	6	12
3	4	5	12
3	5	4	12
3	6	3	12
✗	✗	✗	Oh-oh, no se puede. Cristina debe trabajar por lo menos 3 horas por día

Luego indica todas las maneras en que Cristina puede trabajar 4 horas, luego 5 horas y luego 6 horas el lunes. (Encuentra dos números cuya suma sea el número de horas que queda para los otros dos días).

4	3	5	12
4	4	4	12
4	5	3	12
5	3	4	12
5	4	3	12
6	3	3	12

Así, hay diez maneras en que Cristina puede repartir sus horas de trabajo.
Pon una A sobre la línea del 10.

8. Supón y verifica. Busca dos números cuya suma sea 11. Es razonable suponer un número mayor para el boleto.

Boleto ($)	Chocolate ($)	Costo total ($)	Diferencia ($5 más que el boleto)
6	5	11	6 − 5 = 1 Muy poco
7	4	11	7 − 4 = 3 Caliente
8	3	11	8 − 3 = 5 ¡Bravo!

El boleto cuesta $8.
Pon una S en la línea del 8.

9. Organiza la información dada en una tabla. Busca una pauta y continúala hasta que llegues a la décima semana.

Semana	Millas corridas	
1	1	
2	2	(1 + 1 = 2)
3	4	(2 + 2 = 4)
4	7	(4 + 3 = 7)
5	11	(7 + 4 = 11)

Pauta: De la Semana 1 a la Semana 2, añade 1. De la Semana 2 a la Semana 3, añade 2. De la Semana 3 a la Semana 4, añade 3 y de la Semana 4 a la Semana 5, añade 4. Mira...la pauta es +1, +2, +3, +4. Para la semana siguiente añade 5, luego 6, etc. Continúa hasta la décima semana.

Semana	Millas corridas	
6	16	(11 + 5)
7	22	(16 + 6)
8	29	(22 + 7)
9	37	(29 + 8)
10	46	(37 + 9)

Roberto correrá 46 millas en la décima semana.
Pon una I sobre la línea del 46.

10. Supón y verifica dos dígitos cuya suma sea 9. Resta los dígitos para ver si la diferencia es 3. El dígito de las decenas debe ser mayor que el dígito de las unidades.

Suposición	Suma de dígitos	Diferencia de dígitos (3)
54	9	5 − 1 = 4 No
63	9	6 − 3 = 3 ¡Sí!

El número es 63.
Pon una E sobre la línea del 63.

Código de respuestas

L	I	F	E		S	A	V	E	R	S
15	46	5	30		8	10	6	63	45	3

¡Clarence Crane inventó los Life Savers!

CAPÍTULO TRES

Decimales cómicos y fracciones simpáticas

Un problema verbal con decimales puede resolverse fácilmente: encuentra una estrategia, haz el plan y verifícalo calmadamente.

Problemas verbales con decimales

Para resolver un problema verbal con decimales, usa las mismas estrategias que has empleado para resolver problemas con números enteros. Recuerda que antes de planear una estrategia debes comprender el problema. No olvides de responder estas preguntas: ¿De qué trata el problema? ¿Qué es lo que se te pide que encuentres? ¿Hay suficiente información? Las palabras clave que utilizas para decidir sobre el tipo de operación u operaciones a emplear son las mismas tanto para los problemas con números enteros como para los problemas con fracciones. El uso de dibujos, listas, pautas o suposiciones es también el mismo en ambos casos.

OPERACIONES CON DECIMALES

A continuación verás algunos ejemplos con explicaciones que te ayudarán a realizar operaciones con decimales mientras resuelves problemas verbales.

Sugestiones para multiplicar decimales

Para multiplicar 0,02 por 52, escribe primero la multiplicación como si los números fuesen números enteros. (*No es necesario alinear las comas decimales*).

$$\begin{array}{r} 0{,}02 \\ \times\ 52{,} \\ \hline \end{array}$$

Luego, multiplica los factores para encontrar el producto. Por ahora, ignora las comas decimales.

$$
\begin{array}{r}
0{,}02 \\
\times \;\;\; 52{,} \\
\hline
4 \\
100 \\
\hline
104
\end{array}
$$

Para colocar la coma decimal en la respuesta, sigue estos pasos:

Desde el lado derecho del dígito que no es cero en el extremo derecho de cada factor, cuenta el número de espacios que necesitas para saltar de vuelta hasta llegar a la coma decimal.

0 , 0 2 (dos espacios hacia atrás)

5 2, (cero espacios hacia atrás)

Suma los espacios hacia atrás que has saltado.

$2 + 0 = 2$ espacios saltados hacia atrás

Dirígete ahora al producto. Desde la derecha del dígito de las unidades, salta hacia atrás el número total de espacios saltados de los dos factores. Allí es donde se debe colocar la coma decimal en el producto.

1 0 4

La coma decimal va aquí.

Mover la coma decimal dos lugares hacia la izquierda da un producto final de 1,04.

Sugestiones para dividir decimales

Escribe primero la división como si los números fuesen números enteros.

$$
8{,}50\overline{)1.275}
$$

Si no aparece una coma decimal en el divisor, coloca la coma decimal a la derecha del dígito de las unidades. Si hay una coma decimal en el divisor, muévelo a la derecha hasta que se encuentre después del dígito de las unidades.

$$8{,}50{,}\overline{)1.275}$$

La coma decimal va aquí.

Cuenta los espacios que has saltado. Anda al dividendo (1.275) y mueve su coma decimal el mismo número de espacios. (1.275 se habrá convertido en 127.500 porque necesitas incluir dos ceros como ayuda visual).

$$850{,}\overline{)1.27500{,}}$$

Pon tu lápiz sobre la nueva coma decimal en el dividendo. Mueve el lápiz hacia arriba y coloca una coma sobre el signo de división. Este es el lugar donde la coma decimal estará en el cociente.

$$850{,}\overline{)127500{,}}$$

Ahora divide, tal como lo harías con números enteros.

$$
\begin{array}{r}
150{,} \\
850{,}\overline{)127500{,}} \\
\underline{850} \\
4250 \\
\underline{4250} \\
0
\end{array}
$$

(Si la respuesta no es un número entero, es decir, si hay un remanente, coloca ceros después del último numeral en el dividendo. Emplea cuantos ceros sea necesario para encontrar la respuesta.)

EJEMPLO:
Las uñas crecen un promedio de 0,02 pulgada por semana. Si por un año tú no cortas ni rompes la uña de tu pulgar, ¿qué largo tendrá? (Recuerda que un año equivale a 52 semanas).

Paso 2: Planea una estrategia.

¿Qué operación sería lógico emplear aquí? La multiplicación, para encontrar el largo total.

Estimado: Cerca de una pulgada (en 100 semanas la uña habrá crecido 2 pulgadas y en más o menos la mitad de ese tiempo (52 semanas) habrá crecido cerca de 1 pulgada).

Paso 3: Realiza el plan.

Multiplica para encontrar el largo total.

$$
\begin{array}{r}
0{,}02 \text{ pulg/sem.} \\
\times\ \ 52, \text{ sem.} \\
\hline
1{,}04 \text{ pulg}
\end{array}
$$

Tu uña tendría 1,04 pulgadas de largo.

Paso 4: Verifica tu trabajo.

Verifica tu multiplicación mediante la división.

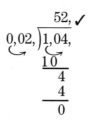

EJEMPLO:

El Cine Odeón cobra $8,50 por persona de 13 años de edad o mayor y $4,25 por niño menor de 13 años. El viernes el Cine Odeón recaudó un total de $850 en boletos para niños y $1.275 en boletos para gente de 13 años o mayor. ¿Cuántos más boletos se vendieron para niños que para los mayores?

Paso 2: Planea una estrategia.

¿Qué operación parece ser lógica? La división, para encontrar el número de boletos vendidos para niños; la división para ver el número de boletos vendidos para gente mayor (en cada uno de los casos, tú conoces la cantidad total y el precio de cada boleto); luego la resta para ver cuántos más boletos para niños se vendieron que para gente mayor.

Estimado: Menos de 100 boletos más para niños
(se vendieron unos $800 \div 4 = 200$ boletos para niños
y se vendieron más de $1000 \div 10 = 100$ boletos para
adultos).

Paso 3: Realiza el plan.
Primero divide el valor total de los boletos para adultos
vendidos por el precio de cada boleto para adulto.
Después de mover las comas decimales, divide como si
se tratara de números enteros.

$$8,50, \overline{)1275,00,}^{\displaystyle 150,}$$

Hubo 150 boletos para adultos vendidos.
Luego divide el valor total de los boletos para niños
vendidos por el precio de cada boleto.

$$4,25, \overline{)850,00,}^{\displaystyle 200,}$$

Hubo 200 boletos para niños vendidos.
Finalmente, para encontrar cuántos más boletos para
niños se vendieron que boletos para adultos, resta el
número de boletos para adultos al número de boletos
para niños.

$$200 - 150 = 50$$

Se vendieron 50 boletos para niños más que boletos
para adultos.

Paso 4: Verifica tu trabajo.
Trabaja al revés.
Primero verifica la resta mediante la suma.

$50 + 150 = 200$ boletos para niños vendidos.   ✓

Luego verifica tus divisiones con multiplicaciones.

200 boletos vendidos para niños $\times$ \$4,25 por boleto $=$ \$850   ✓

150 boletos vendidos para adultos $\times$ \$8,50 por boleto $=$ \$1.275 ✓

Sugestiones para sumar decimales

Para sumar 2,75 y 1,30, alinea primero las comas decimales. Luego baja la coma decimal a la línea donde estará la respuesta y suma como si se tratara de números enteros.

$$\begin{array}{r} 2,75 \\ + 1,30 \\ \hline 4,05 \end{array}$$

Sugestiones para restar decimales

Tal como con la suma, alinea las comas decimales y baja la coma decimal a la línea donde estará la respuesta. Resta como si se tratara de números enteros.

$$\begin{array}{r} 4,05 \\ - 1,30 \\ \hline 2,75 \end{array}$$

EJEMPLO:

Lucas compró palomitas de maíz por $2,75 y soda por $1,30. Leya compró caramelos por $3,15 y limonada por $1,25. ¿Quién gastó más dinero y cuánto más se gastó?

Paso 2: Planea una estrategia.

¿Qué operaciones parecen lógicas? La suma, para encontrar la cantidad total que Lucas gastó; la suma, para encontrar la cantidad total que Leya gastó; y luego la resta para encontrar la diferencia entre ambas cantidades.

Estimado: Leya gastó menos de $1 más que Lucas (ambos gastaron más de $4 pero menos de $5).

Paso 3: Realiza el plan.

Encuentra primero el total de Lucas. Suma los precios de las palomitas de maíz y la soda.

$$\begin{array}{r} \$2,75 \\ + \$1,30 \\ \hline \$4,05 \end{array}$$

Lucas gastó un total de $4,05.

Luego encuentra el total de Leya. Suma los precios de los caramelos y la limonada.

$$\begin{array}{r} \$3,15 \\ + \$1,25 \\ \hline \$4,40 \end{array}$$

Leya gastó un total de $4,40.

Como $4,40 es más que $4,05, Leya gastó más dinero.

Resta para encontrar cuánto más gastó Leya.

$$\begin{array}{r} \$4,40 \\ - \$4,05 \\ \hline \$\,0,35 \end{array}$$

Leya gastó $0,35 más que Lucas.

Paso 4: Verifica tu trabajo.

Primero verifica la resta mediante la suma.

$$\begin{array}{r} \$0,35 \\ + \$4,05 \\ \hline \$4,40 \end{array} \checkmark$$

Luego verifica las sumas mediante restas.

$$\begin{array}{r} \$4,40 \\ - \$1,25 \\ \hline \$3,15 \end{array} \quad \text{o bien,} \quad \begin{array}{r} \$4,40 \\ - \$3,15 \\ \hline \$1,25 \end{array} \checkmark$$

y

$$\begin{array}{r} \$4,05 \\ - \$1,30 \\ \hline \$2,75 \end{array} \quad \text{o bien,} \quad \begin{array}{r} \$4,05 \\ - \$2,75 \\ \hline \$1,30 \end{array} \checkmark$$

RASCACABEZAS 7

Para resolver bien estos problemas verbales, léelos cuidadosamente, planea una estrategia, estima la respuesta, realiza el plan y verifica tu trabajo. Luego, empleando tus propias palabras, explica qué pasos tomaste para resolver el problema.

El cuadro con soluciones que aparece después del Problema 10 contiene las respuestas. A medida que contestas cada problema, tarja tu respuesta en el cuadro con soluciones. Usa el número que no queda tarjado para responder a la pregunta siguiente:

¿Cuál es el peso, en toneladas, del helado de crema con frutas y jarabe más pesado que se haya hecho?

1. La Tienda Electrónica de Víctor paga $7,95 por hora a sus empleados en días hábiles y $9,25 en días festivos. ¿Cuánto ganará un empleado por trabajar seis días consecutivos por siete horas diarias si el empleado comienza a trabajar un lunes?

2. El diámetro de una galleta mide 1,75 pulgadas. Redondeando hacia el número entero más próximo, ¿cuántas galletas puestas una al lado de otra formarían una yarda de largo?

3. Un calígrafo cobra $0,25 por cada diez palabras impresas y $2,25 por hoja de papel pergamino. ¿Cuánto cobraría el calígrafo por imprimir 300 palabras que requieren un total de ocho hojas de papel pergamino?

4. La maratón de Boston es una carrera anual de 26,2 millas. Si una milla equivale a 1,6 kilómetros, ¿cuántos kilómetros hay que correr en la maratón de Boston?

5. Josué tiene 181,0 de altura. Raquel es 17,6 centímetros más baja que Josué. Carlos es 15,2 centímetros más alto que

Raquel. Janet es 0,4 centímetros más alta que Carlos. ¿Qué altura, en centímetros, tiene Janet?

6. Samuel Gasto tenía $218,35 en su cuenta de ahorros. Una semana retiró $174,50, la semana siguiente depositó un cheque por $34,99 y una semana más tarde sacó $18,25 para comprar un libro. ¿Cuánto dinero quedó en la cuenta de Samuel?

7. Una llamada telefónica de Ciudad Grande a Pueblo Central cuesta $0,35 por los primeros tres minutos y $0,25 por cada minuto adicional.
¿Cuántos minutos demoraría una llamada que cuesta $1,85?

8. La barra de caramelo Crunchy cuesta $0,45 y la barra Maravilla cuesta $0,55. Cándida compró nueve barras por un total de $4,45. ¿Cuántas barras Crunchy compró?

9. Los pelos de tu cabeza crecen un promedio de 0,013 de pulgada por día. Redondeadas a la centésima más próxima, ¿cuántas pulgadas de largo tendría tu pelo si no lo cortas en tres años no bisiestos consecutivos?

10. Regina trajo siete litros de jugo al paseo escolar y Sara trajo tres galones de jugo. Regina dijo que ella trajo más porque siete es más que tres. Si un litro equivale a 0,26 de galón, ve si Regina tiene razón. ¿Cuántos más galones de jugo trajo una de las dos personas?

Cuadro con soluciones

9		179,0
41,92	343	5
14,24	60,59	22,59
1,18	25,50	21

(Las respuestas están en la página 93).

*Este es el momento de buscar y resolver
los datos en tablas y gráficos,
de atacar decimales y vencer,
de encontrar resultados que parecen mágicos.*

EMPLEO DE DATOS EN UNA PRESENTACIÓN

Tú puedes encontrar decimales en muchos tipos de presentaciones: formularios bancarios, catálogos, gráficos de kilometraje, etc. Emplea las mismas estrategias que usaste en el Capítulo 2 para resolver problemas verbales que requieren presentaciones con decimales.

RASCACABEZAS 8

Estudia las presentaciones que aparecen a continuación y encuentra los datos necesarios para resolver los siguientes problemas verbales. No olvides de planear y utilizar una estrategia, y de verificar tu trabajo.

1. Lee estas tablas para resolver las preguntas que aparecen después.

Precios de catálogo de *Tu Hogar*

Artículo	Costo
Estante para CDs	$49,75
Sujetarevistas	$15,95
Platos de spaghetti	$35,49
Vajilla de merienda	$24,55
Mantel	$ 7,89
Armario para discos	$14,29

Gastos de envío

Precio total	Gastos de envío
Hasta $15,99	$4,95
$16,00 a $30,99	$5,95
$31,00 a $50,99	$7,95
$51,00 a $75,99	$10,95
$76,00 a $99,99	$11,95
$100 o más	$15,00

a. Pablo recibió $100 de regalo de su tía. Quiso comprar dos sujetarevistas, un mantel y un estante para CDs. Si se incluyen los gastos de envío, ¿serán suficientes los $100 que Pablo recibió para estas compras? Si así es, ¿cuánto dinero quedará? Si no es así, ¿cuánto más dinero necesitará?

b. Guillermo ordenó dos unidades de dos artículos de *Tu Hogar*. Incluyendo los gastos de envío, su total fue de $111,51. ¿Qué artículos ordenó?

2. Micaela olvidó poner todos los datos en su cuenta de cheques. Usa la información provista abajo para responder las preguntas que siguen.

Cheque No.	Fecha	Transacción	Pago/Retiro	Depósito	Balance
					$329,42
124	29/6	Cable TV	???	—	$293,59
—	2/7	—	—	$145,85	???
—	5/7	retiro	???	—	$373,94

a. Encuentra el valor del cheque pagado a Cable TV el 29 de junio.

b. Después del depósito del 2 de julio, ¿cuál fue el nuevo balance?

c. Encuentra el monto del retiro hecho el 5 de julio.

3. La tabla que sigue describe a los ganadores del lanzamiento de bala en varios juegos olímpicos. Usa la tabla para responder las preguntas que siguen.

Año	Ganador	País	Distancia del lanzamiento (metros)
1980	Vladimir Kyselov	URSS	21,35
1984	Alessandro Andrei	Italia	21,26
1988	Ulf Timmerman	Alemania Oriental	22,47
1992	Michael Tulce	Estados Unidos	21,70
1996	Randy Barnes	Estados Unidos	21,62

a. Ordena las distancias de lanzamiento, de mayor a menor.

b. Encuentra la diferencia entre la distancia máxima y la distancia mínima.

c. Encuentra los grupos de años olímpicos consecutivos en que las distancias aumentaron de una olimpiada a la otra. ¿Entre qué dos años hubo aumento máximo?

(Las respuestas están en la página 100).

OPERACIONES CON FRACCIONES

Las fracciones ahora estudiaremos,
en ventas, ciencias y la vida cotidiana.
Muchs problemas con fracciones haremos
día a día, por toda la semana.

Veremos ahora algunos ejemplos precedidos por cálculos de muestra que te ayudarán a resolver problemas verbales con fracciones y números mixtos.

Sugestiones para multiplicar una fracción por un número entero

Para encontrar $\frac{1}{3}$ de 48, multiplica primero 48 por el *numerador* (la parte superior) de la fracción.

$$48 \times 1 = 48$$

Luego divide el resultado por el *denominador* (parte inferior) de la fracción.

$$48 \div 3 = 16$$

Así, $\frac{1}{3}$ de 48 es 16.

NOTA MATEMÁTICA

Nota que multiplicar por $\frac{1}{3}$ es lo mismo que dividir por 3. En seguida puedes ver otras maneras fáciles de multiplicar con *fracciones unitarias* (fracciones con un numerador de 1).

Multiplicar por:	es lo mismo que	Dividir por:
$\dfrac{1}{2}$		2
$\dfrac{1}{4}$		4
$\dfrac{1}{5}$		5

Otras fracciones unitarias siguen la misma pauta.

Recuerda que 2 puede también escribirse como $\dfrac{2}{1}$.

Multiplicar por $\dfrac{1}{2}$ es lo mismo que dividir por su *número*

recíproco, $\dfrac{2}{1}$, y multiplicar por $\dfrac{1}{3}$ es lo mismo que dividir

por su número recíproco, $\dfrac{3}{1}$, etc.

Al multiplicar por una fracción, puede ser más fácil escribir en forma de fracción los números enteros. Por ejemplo, $24 = 24 \div 1 = \dfrac{24}{1}$.

Para multiplicar $\dfrac{2}{3}$ por 24, escribe 24 como $\dfrac{24}{1}$. El problema

queda ahora como: $\dfrac{2}{3} \times \dfrac{24}{1}$.

Observa ambos denominadores (3 y 1) para ver si cualquiera de ellos comparte un factor común (aparte del 1) con cualquiera de los dos numeradores (2 y 24).

En nuestro caso, el denominador 3 y el numerador 24 comparten el factor común 3.

Divide el denominador 3 y el numerador 24 por el factor común 3.

$$\underset{1}{\dfrac{2}{\cancel{3}}} \times \dfrac{\overset{8}{\cancel{24}}}{1}$$

Ahora multiplica, recordando que una fracción con un denominador de 1 puede escribirse como un número entero.

$$\dfrac{2}{1} \times \dfrac{8}{1} = 2 \times 8 = 16$$

Así, $\dfrac{2}{3} \times 24 = 16$.

NOTA MATEMÁTICA

Cuando en la multiplicación de fracciones se extrae un factor común tanto de un numerador como de un denominador, la operación se llama *eliminación*.

Sugestiones para cambiar números mixtos a fracciones impropias

Un *número mixto* tiene una parte que es un número entero y una parte que es una fracción. El número mixto $4\frac{1}{2}$ posee el número entero 4 y la parte fraccionaria $\frac{1}{2}$. Para cambiar $4\frac{1}{2}$ a una *fracción impropia* equivalente, es decir, una fracción cuyo numerador es más grande que su denominador, haz lo siguiente:

1. Multiplica el número entero por el denominador.
    $4 \times 2 = 8$

2. Suma el numerador al producto.
    $1 + 8 = 9$

3. El número resultante es el nuevo numerador.
    El nuevo numerador es **9**.

4. Usa el mismo denominador.
    El denominador es **2**.

La fracción impropia es $\frac{9}{2}$.

Sugestiones para dividir un número mixto por un número entero

Encuentra el cuociente: $2\frac{3}{4} \div 5$.

Cambia primero $2\frac{3}{4}$ a una fracción impropia. El nuevo numerador es $(2 \times 4) + 3 = 11$. El denominador sigue siendo 4. Así, $2\frac{3}{4} = \frac{11}{4}$.

Luego cambia 5 a una fracción con un denominador de $1 : 5 = \frac{5}{1}$.
Ahora reescribe el problema.

$$\frac{11}{4} \div \frac{5}{1}$$

En seguida cambia el signo de división a un signo de multiplicación y cambia la segunda fracción a una fracción recíproca
(¡dala vuelta!). Recuerda que dividir por una fracción es lo
mismo que multiplicarla por su número recíproco.

$$\frac{11}{4} \times \frac{1}{5}$$

Ahora multiplica las fracciones. Los pasos a seguir están
enumerados a continuación.

Sugestiones para multiplicar dos fracciones

(Nota que los pasos a seguir indicados más abajo pueden usarse
para multiplicar dos números mixtos si tú primero los escribes
como fracciones impropias.)

1. Multiplica los numeradores.

2. Multiplica los denominadores.

3. Elimina, si puedes.

Ahora puedes multiplicar.

$$\frac{11}{4} \times \frac{1}{5} = \frac{11 \times 1}{4 \times 5} = \frac{11}{20}$$

Ningún denominador de las fracciones multiplicadas comparte
un factor común, aparte del 1, con ningún numerador. Por eso, la
fracción $\frac{11}{20}$ está en el término más bajo.

NOTA MATEMÁTICA

Una fracción está en el término más bajo cuando el único
factor común entre el denominador y el numerador es el
uno.

EJEMPLO:

En la elección a la presidencia estudiantil, $\frac{3}{4}$ de los 24

estudiantes votaron por Tobías. ¿Cuántos estudiantes votaron
por él?

Paso 2: Planea una estrategia.

¿Qué operación parece ser lógica? La multiplicación, para encontrar la parte fraccionaria de un entero.

Estimado: Menos de 24 pero más de 12.

$$\left(\frac{1}{2} \text{ de 24 es 12, y } \frac{1}{2} < \frac{3}{4} < 1 \right)$$

Paso 3: Realiza el plan.

Multiplica para encontrar el número de estudiantes que votaron por Tobías.

$$\frac{3}{4} \times 24 = \frac{3}{1\cancel{4}} \times \frac{\cancel{24}^{\,6}}{1} = \frac{18}{1} = 18$$

Dieciocho estudiantes votaron por Tobías.

Paso 4: Verifica tu trabajo.

Verifica la multiplicación mediante la división.

$$18 \div \frac{3}{4} = 18 \times \frac{4}{3} = \frac{\cancel{18}^{\,6}}{1} \times \frac{4}{\cancel{3}_1} = \frac{24}{1} = 24$$

EJEMPLO:

Un suéter se vende por $\frac{1}{3}$ de su precio corriente de $48.

Encuentra cuánto vale el suéter.

Paso 2: Planea una estrategia.

¿Qué operación tiene sentido? La multiplicación, para encontrar en cuánto se ha reducido el precio y la resta para encontrar su precio rebajado.

Estimado: Más de $24 (si el suéter estuviera rebajado en $\frac{1}{2}$ de su precio corriente, el precio rebajado sería $24; $\frac{1}{3}$ de su precio corriente es menos que $\frac{1}{2}$).

Estrategia Alternativa: Encuentra la fracción del precio regular que ha de pagarse (1 precio regular $- \frac{1}{3}$ $= \frac{2}{3}$ del precio regular); multiplica esta fracción por el precio regular.

Paso 3: Realiza el plan.

Primero multiplica para ver el monto de la rebaja.

$$\frac{1}{3} \times 48 = \frac{1}{\cancel{3}_1} \times \frac{\cancel{48}^{16}}{1} = \frac{16}{1} = 16$$

El suéter estaba reducido en $16.

Resta para encontrar el precio rebajado.

$$48 - 16 = 32$$

Empleando la estrategia alternativa:

$$\frac{2}{3} \times 48 = \frac{2}{\cancel{3}_1} \times \frac{\cancel{48}^{16}}{1} = \frac{32}{1} = 32$$

Es precio del suéter rebajado es $32.

Paso 4: Verifica tu trabajo.

Trabaja al revés.

Primero verifica la resta mediante la suma.

$$32 + 16 = 48$$

Luego verifica la multiplicación mediante la división.

$$16 \div \frac{1}{3} = 16 \times 3 = 48$$

EJEMPLO:

Eugenia tiene $4\frac{1}{2}$ pies de cinta para envolver ocho regalos. Si cada regalo requiere igual largo de cinta, ¿cuántos pies de cinta pueden usarse para envolver cada regalo? Absolutamente toda la cinta debe usarse.

Paso 2: Planea una estrategia.

¿Qué operación parece tener sentido? La división, porque conoces el largo total, en pies, de la cinta, y el número de grupos (regalos), y deseas encontrar el número de pies en un grupo.

Estimado: Más de $\frac{1}{2}$ pie (Eugenia tiene más de cuatro pies de cinta y $4\frac{1}{2} \div 8 > 4 \div 8 = \frac{1}{2}$).

Paso 3: Realiza el plan.

Divide para encontrar el número de pies de cinta disponibles para envolver cada regalo.

$$4\frac{1}{2} \div 8$$

Cambia el número mixto a una fracción impropia y escribe el número entero como una fracción con un denominador de 1.

$$\frac{9}{2} \div \frac{8}{1} = \frac{9}{2} \times \frac{1}{8} = \frac{9}{16}$$

(Recuerda que dividir por una fracción es lo mismo que multiplicarla por su número recíproco).

Como 9 y 16 no tienen un factor común aparte del 1, la fracción $\frac{9}{16}$ está expresada en sus términos más bajos.

Así, $\frac{9}{16}$ de un pie de cinta puede usarse para cada regalo. (Tú puedes cambiar $\frac{9}{16}$ pies a pulgadas su multiplicas por las 12 pulgadas que posee un pie. Así obtendrías $\frac{27}{4}$ pulgadas, o $6\frac{3}{4}$ pulgadas. ¡Haz la prueba!)

Paso 4: Verifica tu trabajo.

Verifica la división mediante la multiplicación.

$$\frac{9}{16} \times 8 = \frac{9}{\underset{2}{\cancel{16}}} \times \frac{\overset{1}{\cancel{8}}}{1} = \frac{9}{2}$$

Ahora escribe $\frac{9}{2}$ como un número mixto.

$$\frac{9}{2} = 9 \div 2 = 4\frac{1}{2} \quad \checkmark$$

Si en un problema verbal con fracciones
la multiplicación debes conocer,
revisa las sugestiones
y pronto la podrás hacer.

RASCACABEZAS 9

Para resolver los problemas siguientes, léelos cuidadosamente, planea estrategias, haz estimados de las respuestas, realiza planes y luego verifica tus trabajos. Finalmente, usa tus propias palabras para enumerar los pasos que seguiste para resolverlos.

1. El guía Patricio tiene $12\frac{3}{4}$ pies de cordel para distribuir por partes iguales entre sus alumnos. Cada alumno recibirá $2\frac{1}{8}$ pies de cordel. ¿Cuántos alumnos hay en su grupo?

2. Tres muchachos recibieron 24 boletos de lotería escolar cada uno para venderlos. Ming vendió $\frac{2}{3}$ de sus boletos, Matías vendió $\frac{1}{4}$ de los suyos, y Juana vendió $\frac{5}{12}$ de sus boletos. ¿Cuántos boletos vendió cada uno?

3. Hubo 64 dulces que iban a venderse. Los niños encargados de venderlos vendieron $\frac{5}{8}$ de los dulces por $0,45 cada uno y el resto por $0,60 cada uno. ¿Si lograron vender todos los dulces, cuánto dinero reunieron?

4. Norberto compró $20\frac{5}{8}$ pies de madera para construir un librero de cinco estantes. Si cada estante requiere la misma cantidad de madera y se usa toda la madera, ¿cuál será el largo de cada estante?

5. Una receta de cocina requiere $2\frac{1}{4}$ tazas de harina, $\frac{3}{4}$ de taza de azúcar blanco y $1\frac{1}{2}$ tazas de azúcar marrón. Si la receta se aumentara al doble, ¿cuántas tazas de cada ingrediente serían necesarias?

(Las respuestas están en la página 102).

Hemos multiplicado y dividido
con éxito todo tipo de fracciones.
Ahora sumarlas y restarlas
serán nuestras intenciones.

Sugestiones para sumar fracciones y números mixtos

Suma $15\frac{1}{2}$ y $1\frac{3}{4}$.

1. Como no puedes sumar mitades y cuartas partes directamente, debes encontrar primero el *mínimo común denominador* (MCD) de las fracciones $\frac{1}{2}$ y $\frac{3}{4}$. Este es el *mínimo común múltiplo* (MCM) de los números 2 y 4. El mínimo común múltiplo de dos números es el número más pequeño por el cual los números pueden dividirse. El MCM de 2 y 4 es 4.

2. Cambia cada fracción a una fracción equivalente cuyo denominador sea el MCM, 4.

    Pregúntate, ¿por qué número multiplico el denominador original para obtener el nuevo denominador de 4? Multiplica el numerador por este mismo número para obtener un nuevo numerador y una fracción resultante que es equivalente.

    Así, el denominador original de $\frac{1}{2}$, que es el 2, lo multiplicas por 2 para obtener el MCM de 4. Luego multiplicas también el numerador original por 2. (Recuerda que la multiplicación por dos del numerador y del denominador significa en realidad que estás multiplicando por $\frac{2}{2}$, es decir, 1).

$$\frac{1\times 2}{2\times 2} = \frac{2}{4} \qquad \frac{2}{4} \text{ es equivalente a } \frac{1}{2}.$$

La fracción $\frac{3}{4}$ ya contiene al mínimo común denominador y por eso permanece sin cambios.

3. Para sumar fracciones con el mismo denominador, basta con sumar los numeradores.

¡No vayas a sumar los denominadores! El MCM no experimenta cambios y pasa a la respuesta como un denominador.

$$\frac{2}{4} + \frac{3}{4} = \frac{2+3}{4} = \frac{5}{4}$$

4. Si la respuesta es una fracción impropia (mayor o igual a 1), cámbiala a un número mixto mediante la división del numerador por el denominador.

$$\frac{5}{4} = 5 \div 4 = 1\frac{1}{4}$$

(Nota que el remanente de 1 se expresa como una fracción en la que el numerador es el remanente y el denominador es el mismo que el de la fracción impropia).

5. Suma los números enteros de los números mixtos originales: $15 + 1 = 16$.

La respuesta es $16 + 1\frac{1}{4} = 16 + 1 + \frac{1}{4} = 17\frac{1}{4}$.

Así, $15\frac{1}{2} + 1\frac{3}{4} = 17\frac{1}{4}$.

Sugestiones para restar fracciones y números mixtos

Resta $13\frac{5}{12}$ de $15\frac{7}{8}$.

1. Si fuese necesario, cambia las fracciones a fracciones equivalentes en las que el MCM de los denominadores es el nuevo denominador.

$$15\frac{7}{8} = 15\frac{21}{24} \quad \text{y} \quad 13\frac{5}{12} = 13\frac{10}{24}$$

2. Resta los numeradores de las fracciones para obtener un nuevo numerador.

$$\frac{21}{24} - \frac{10}{24} = \frac{11}{24}$$

¡No se te ocurra restar los denominadores! Igual que con la suma, el MCM pasa a ser el denominador en la respuesta.

3. Si fuese posible, simplifica la fracción resultante a su término más bajo mediante la *división* del numerador y del denominador por su máximo factor común (MFC). (Si no puedes encontrar el MFC, divide ambos números por cualquier factor común. Continúa dividiendo por factores comunes hasta que el único factor común del numerador y del denominador sea 1). Como 1 es el único factor común de 11 y 24, $\frac{11}{24}$ ya está es su término más bajo.

4. Tratándose de números mixtos, el paso siguiente requiere restar los números enteros.

$$15 - 13 = 2$$

La respuesta es $2 + \frac{11}{24} = 2\frac{11}{24}$.

EJEMPLO:

El lunes, una acción de Kooky Kola tenía un valor de $15\frac{1}{2}$ puntos. El martes la acción subió $1\frac{3}{4}$ puntos. Encuentra el valor de una acción de Kooky Kola en el día martes.

Paso 2: Planea una estrategia.

¿Qué operación parece lógica? La suma, porque la acción subió el martes.

Estimado: Más de 17 puntos $\left(\frac{3}{4} + \frac{1}{2}\right.$ es mayor que 1, y por eso $\frac{1}{2} + 1\frac{3}{4}$ es mayor que $\left. 2\right)$.

Paso 3: Realiza el plan.

Puedes utilizar un formato vertical para hacer la suma.

$$15\frac{1}{2} = 15\frac{2}{4}$$
$$+ \; 1\frac{3}{4} = \; 1\frac{3}{4}$$
$$\overline{\qquad\qquad 16\frac{5}{4} = 16 + \frac{4}{4} + \frac{1}{4} = 16 + 1 + \frac{1}{4} = 17\frac{1}{4}}$$

El martes, el valor de una acción de Kooky Kola fue de $17\frac{1}{4}$ puntos.

Paso 4: Verifica tu respuesta.

Verifica tu suma mediante la resta.

$$17\tfrac{1}{4} = 16\tfrac{5}{4}$$
$$-1\tfrac{3}{4} = -1\tfrac{3}{4}$$
$$\overline{} \qquad \overline{15\tfrac{2}{4} = 15\tfrac{1}{2}} \quad \checkmark$$

NOTA MATEMÁTICA:

En la resta de arriba, las partes fraccionarias tenían el mismo denominador pero el numerador de la primera fracción era menor que el numerador de la segunda fracción. Cuando tal sea el caso, antes de poder hacerse la resta es necesario cambiar el primer número mixto a un número equivalente que tenga un numerador más grande.

$$17\tfrac{1}{4} = 17 + \tfrac{1}{4} = 16 + 1 + \tfrac{1}{4} = 16 + \tfrac{4}{4} + \tfrac{1}{4} = 16\tfrac{5}{4}$$

Así, $17\tfrac{1}{4}$ se escribió como el número equivalente $16\tfrac{5}{4}$.

EJEMPLO:

Carlos corrió $15\tfrac{7}{8}$ millas la semana pasada y $13\tfrac{5}{12}$ millas esta semana. ¿Cuántas más millas corrió la semana pasada que esta semana?

Paso 2: Planea una estrategia.

¿Qué operación parece tener sentido? La resta, según lo sugiere la frase *cuántas más*.

Estimado: Unas 2 millas más.

Paso 3: Realiza el plan.

$$15\tfrac{7}{8} - 13\tfrac{5}{12}$$

Escribe la resta verticalmente.

El mínimo común denominador de 8 y 12 es 24. Escribe cada fracción en forma de fracción equivalente con un denominador de 24.

$$15\frac{7}{8} = 15\frac{21}{24}$$
$$-13\frac{5}{12} = -13\frac{10}{24}$$
$$\overline{\qquad\qquad 2\frac{11}{24}}$$

Paso 4: Verifica tu trabajo.

Verifica tu resta mediante la suma. El MCM de 12 y 24 es 24.

$$2\frac{11}{24} = 2\frac{11}{24}$$
$$+13\frac{5}{12} = -13\frac{10}{24}$$
$$\overline{\qquad\qquad 15\frac{21}{24}}$$

El máximo factor común de 21 y 24 es 3. Reduce la fracción $\frac{21}{24}$ a su término más bajo.

$$15\frac{21}{24} = 15\frac{7}{8} \quad ✓$$

RASCACABEZAS 10

Planea y lleva a cabo una estrategia para resolver los problemas verbales siguientes. Acuérdate de verificar tu trabajo. Al cabo de cada problema encontrarás una letra. Escribe la letra en la línea que corresponde a la respuesta numérica al problema en el código de respuestas que encontrarás al final de este grupo de problemas. Cuando hayas completado el código de respuestas, verás la respuesta a la pregunta siguiente:

¿Quién ganó la independencia de Colombia, Panamá, Ecuador, Venezuela, Perú y Bolivia?

1. Una hormiga estaba subiendo un árbol de 24 pies de alto. La primera hora subió $\frac{1}{6}$ de la altura del árbol, en la segunda hora subió $\frac{1}{4}$ del resto y en la tercera hora subió $\frac{1}{5}$ del resto. ¿Qué parte fraccionaria de la altura del árbol le quedaba por subir para llegar a la cima? (N)

2. El lunes, Luis compró 50 acciones de Grandes Circuitos a $15\frac{1}{4}$ por acción. Durante la semana, el precio de una acción subió $1\frac{1}{8}$, bajó $\frac{3}{16}$, y subió de nuevo $1\frac{3}{8}$. Al final de la semana, ¿cuál era el valor de las acciones de Luis? (A)

3. Durante un día de caminata por París, Felicia caminó $3\frac{2}{3}$ millas hacia el Louvre, $2\frac{4}{5}$ millas al Musee D'Orsay y $1\frac{5}{6}$ millas a la Torre Eiffel. Para ir a otras partes Felicia tomó un taxi. ¿Cuántas millas caminó Felicia en ese día? (O)

4. Entrenándose para una maratón, Danika corrió $11\frac{1}{4}$ millas el martes y $9\frac{5}{8}$ millas el jueves. ¿Cuántas más millas corrió

   Danika el martes que el jueves? (S)

5. ¿Cuántas cuentas de $\frac{3}{4}$ pulgada de largo se necesitan para hacer un collar de 12 pulgadas? (I)

6. Una receta de cocina que proporciona tres docenas de galletas requiere $\frac{1}{3}$ taza de mantequilla, $2\frac{1}{2}$ tazas de harina y $\frac{3}{4}$ taza de azúcar. Si la receta se aumentara para proporcionar 48 galletas, ¿cuántas tazas combinadas de los tres ingredientes serían necesarias? (I)

7. Para una fiesta, Betti Burguesa compró $5\frac{5}{8}$ libras de carne molida y $6\frac{1}{4}$ libras de salchichas. ¿Cuántas más libras de salchichas compró Betti que de carne molida? (M)

8. Camilo distribuye su salario semanal de $840 como sigue: $\frac{1}{10}$ va a su cuenta de ahorros, $\frac{2}{7}$ paga su parte del arriendo, $\frac{1}{5}$ paga parte de un préstamo, $\frac{1}{6}$ paga la electricidad y el resto se va en otros gastos. ¿Cuánto es ese resto? (B)

9. Ronda quiere colgar tres cuadros en una pared de $12\frac{1}{3}$ pies de largo. Un cuadro tiene $2\frac{3}{4}$ pies de largo, otro tiene $3\frac{1}{2}$ pies y el tercero tiene $4\frac{7}{12}$ pies. Si cuelga los tres cuadros, ¿cuál es el largo combinado de pared que queda descubierta? (V)

10. Un pie corresponde aproximadamente a $\frac{3}{10}$ de un metro. ¿Cuántos metros tiene una cancha de fútbol de 100 yardas de largo? (L)

11. Una fotografía que mide $3\frac{1}{2}$ pulgadas por 5 pulgadas se amplía a un tamaño de $8\frac{3}{4}$ pulgadas por $12\frac{1}{2}$ pulgadas. ¿En cuántas veces aumentó el tamaño de cada dimensión de la fotografía? (O)

12. ¿Qué parte fraccionaria de un día es un minuto? (R)

Código de respuestas

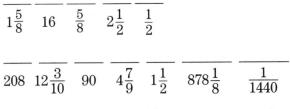

$$1\frac{5}{8} \quad 16 \quad \frac{5}{8} \quad 2\frac{1}{2} \quad \frac{1}{2}$$

$$208 \quad 12\frac{3}{10} \quad 90 \quad 4\frac{7}{9} \quad 1\frac{1}{2} \quad 878\frac{1}{8} \quad \frac{1}{1440}$$

(Las respuestas están en la página 104).

RASCACABEZAS—RESPUESTAS

Rascacabezas 7, página 74

1. Estimado: Unos $350 (cerca de $8 por hora × 7 horas diarias = $56 por día hábil; cerca de $56 por día hábil × 5 días hábiles = cerca de $300 por 5 días hábiles; cerca de $9 por hora × 7 horas = $63 por un sábado; y $300 + $63 = $363).
   Primero multiplica, para saber cuánto gana cada empleado cada día hábil.

$$7 \times \$7{,}95 = \$55{,}65$$

Luego multiplica para encontrar cuánto gana en 5 días hábiles.

$$5 \times \$55{,}65 = \$278{,}25$$

Ahora multiplica para ver cuánto gana cada empleado en un día sábado.

$$7 \times \$9{,}25 = \$64{,}75$$

Ahora suma para ver cuánto gana un empleado en total por trabajar 5 días hábiles y un día festivo.

$$\begin{array}{r} \$278{,}25 \\ + \$\ 64{,}75 \\ \hline \$343{,}00 \end{array}$$

Un empleado gana $343,00 por trabajar 5 días hábiles y 1 día festivo.

Verifica tu respuesta trabajando al revés.

Verifica tu suma mediante la resta.

$$
\begin{array}{r}
343{,}00 \\
-\ 64{,}75 \\
\hline
278{,}25
\end{array}
\qquad \text{o bien,} \qquad
\begin{array}{r}
343{,}00 \\
-\ 278{,}25 \\
\hline
64{,}75 \quad \checkmark
\end{array}
$$

Ahora verifica tu última multiplicación mediante la división.

$$
\begin{array}{r}
9{,}25 \ \checkmark \\
7{,}00{,}\overline{)64{,}75{,}00} \\
6300 \\
\hline
1750 \\
1400 \\
\hline
3500 \\
3500 \\
\hline
0
\end{array}
$$

Ahora verifica tus primeras dos multiplicaciones.

$$
\begin{array}{r}
55{,}65 \ \checkmark \\
5{,}00{,}\overline{)278{,}25{,}00} \\
2500 \\
\hline
2825 \\
2500 \\
\hline
3250 \\
3000 \\
\hline
2500 \\
2500 \\
\hline
0
\end{array}
\qquad\qquad
\begin{array}{r}
7{,}95 \ \checkmark \\
7{,}00{,}\overline{)55{,}65{,}00} \\
4900 \\
\hline
6650 \\
6300 \\
\hline
3500 \\
3500 \\
\hline
0
\end{array}
$$

TARJA EL 343 EN CUADRO CON SOLUCIONES

2. Estimado: Más de 18 ($36 \div 2 = 18$; $1{,}75 < 2$).
   Primero convierte una yarda a pulgadas.

$$1 \text{ yd} = 36 \text{ pulg}$$

Luego divide, para encontrar cuántos grupos de 1,75 pulgadas hay en un total de 36 pulgadas.

$$36 \div 1{,}75 \approx 20{,}57 \text{ (el símbolo "} \approx \text{" significa}$$
"aproximadamente igual a").

Ahora redondea al número entero más próximo.
21 galletas puestas una al lado de otra harían una línea de una yarda de largo.

Verifica: Trabaja al revés.
Verifica la división mediante la multiplicación.

20,57 galletas × 1,75 pulgadas por galleta ≈ 36,0.   ✓

TARJA EL 21 EN EL CUADRO CON SOLUCIONES.

3. Estimado: unos $24 (300 palabras = 30 grupos de 10;
30 × 0,25 ≈ $8; 8 hojas × $2,25 ≈ $16; $8 + $16 = $24).
Primero encuentra cuánto cuesta imprimir 300 palabras.

$$300 \div 10 = 30 \text{ grupos de } 10$$

$$\$0,25 \times 30 = \$7,50$$

Luego encuentra el costo de las 8 hojas de papel pergamino.

$$\$2,25 \times 8 = \$18,00$$

Ahora suma para ver el total de la cuenta del calígrafo.

$$\$7,50 + \$18,00 = \$25,50$$

El calígrafo cobraría $25,50.

Verifica tu trabajo trabajando al revés.
Primero verifica la suma mediante la resta.

$25,50 – $18,00 = $7,50   o bien $25,50 – $7,50 = $18,00 ✓

Luego verifica cada multiplicación mediante la división.

$18,00 ÷ 8 = $2,25   o bien, $18,00 ÷ $2,25 = $8 ✓

$7,50 ÷ $0,25 = 30   o bien, $7,50 ÷ 30 = $0,25 ✓

Finalmente, verifica la primera división mediante la multiplicación.

$$30 \times 10 = 300 \; ✓$$

TARJA EL 25,50 EN EL CUADRO CON SOLUCIONES.

4. Estimado: Entre 26 y 52 kilómetros ($1 \le 1,6 \le 2$; $1 \times 26 = 16$; $2 \times 26 = 52$).
   Primero multiplica el número de millas por 1,6 para determinar el número de kilómetros.

$$\begin{array}{r} 26,2 \\ \times\ \ 1,6 \\ \hline 1572 \\ 2620 \\ \hline 41,92 \end{array} \quad (1 + 1 = \text{espacios atrás})$$

El número de kilómetros en 26,2 millas es aproximadamente 41,92.

Verifica tu trabajo.
Verifica la multiplicación mediante la división.

$$41,92 \div 1,6 = 26,2 \quad \text{o bien,} \quad 41,92 \div 26,2 = 1,6 \ \checkmark$$

TARJA EL 41,92 EN EL CUADRO CON SOLUCIONES.

5. Estimado: Unos 175 centímetros ($180 - 20 = 160$; $160 + 15 = 175$; $175 + 0 = 175$).
   Raquel es 17,6 centímetros más baja que Josué. Por lo tanto, resta para encontrar la altura de Raquel.

$$181,0 \text{ cm} - 17,6 \text{ cm} = 163,4 \text{ cm}$$

Carlos es 15,2 centímetros más alto que Raquel. Suma para encontrar el alto de Carlos.

$$163,4 + 15,2 \text{ cm} = 178,6 \text{ cm}$$

Janet es más alta que Carlos. Suma para encontrar el alto de Janet.

$$178,6 \text{ cm} + 0,4 \text{ cm} = 179,0 \text{ cm}$$

Janet tiene un alto de 179,0 cm.

Verifica tus respuestas trabajando al revés.
Verifica la última suma mediante la resta para encontrar el alto de Carlos.

$$179,0 \text{ cm} - 0,4 \text{ cm} = 178,6 \text{ cm}$$

A continuación, verifica la suma previa mediante la resta para encontrar la altura de Raquel.

$$178,6\,cm - 15,2\,cm = 163,4\,cm$$

Ahora verifica la resta mediante la suma para encontrar la altura de Josué.

$$163,4\,cm + 17,6\,cm = 181,0\,cm \quad \checkmark$$

TARJA EL 179,0 EN EL CUADRO CON SOLUCIONES.

6. Estimado: Unos $65 (220 − 170 = 50; 50 + 35 = 85; 85 − 20 = 65).
   Resta el primer retiro de los ahorros originales.

$$
\begin{array}{r}
218,35 \\
- \ 174,50 \\
\hline
43,85
\end{array}
$$

Luego suma el valor del cheque depositado.

$$
\begin{array}{r}
43,85 \\
+ \ 34,99 \\
\hline
78,84
\end{array}
$$

Finalmente, resta el último retiro.

$$
\begin{array}{r}
78,84 \\
- \ 18,25 \\
\hline
60,59
\end{array}
$$

El balance final en la cuenta de Samuel fue de $60,59.

Verifica la respuesta trabajando al revés.
Verifica la última resta mediante la suma.

$$60,59 + 18,75 = 78,84$$

Entonces verifica la suma mediante la resta.

$$78,84 - 34,99 = 43,85 \quad \text{o bien} \quad 78,84 - 43,85 = 34,99$$

Por último, verifica la primera resta mediante la suma.

$43,85 + 174,50 = 218,35$ (la cantidad inicial en la cuenta de Samuel). $\checkmark$

TARJA EL 60,59 EN EL CUADRO CON SOLUCIONES.

7. Estimado: Más de 3 minutos pero menos de 11 minutos (una llamada de 3 minutos cuesta $0,35; una llamada de 11 minutos cuesta $8 \times 0,25 + 0,35 = \$2,35$; $2,35 > 1,85$). Resta primero $0,35 por los primeros tres minutos.

$$\$1,85 - \$0,35 = \$1,50$$

Luego divide la cuenta que queda por el valor por minuto cuando se ha pasado de tres minutos.

$$\$1,50 \div \$0,25 = 6 \text{ min}$$

Finalmente, suma para encontrar el tiempo total.

$$3 \text{ min} + 6 \text{ min} = 9 \text{ min}$$

La llamada fue de 9 minutos.

Verifica tu respuesta trabajando al revés.
Verifica primero la suma mediante la resta.

$$9 - 6 = 3$$

Luego verifica la división con la multiplicación.

$$6 \times \$0,25 = \$1,50$$

Por último, verifica la resta con la suma.

$$\$1,50 + \$0,35 = \$1,85 \text{ (costo total de la llamada).} \checkmark$$

TARJA EL 9 EN EL CUADRO CON SOLUCIONES.

8. Estimado: Difícil, pero no puede ser más de 9, ya que 9 barras se compraron en total. Este problema puede solucionarse por el método de suposición y verificación. Crea una lista de suposiciones y verificaciones y continúala hasta encontrar la respuesta. Tú sabes que debe haber un total de 9 barras de caramelo y un costo total de $4,45.

Número de barras Crunchy	Total por barras Crunchy	Número de barras Maravilla	Total por barras Maravilla	Costo total	
3	3 × $0,45 = $1,35	6	6 × $0,55 = $3,30	$4,65	
4	4 × $0,45 = $1,80	5	5 × $0,55 = $2,75	$4,55	
5	5 × $0,45 = $2,25	4	4 × $0,55 = $2,20	$4,45	✓

Cándida compró cinco barras Crunchy.

Verifica tus multiplicaciones y sumas para asegurarte de que tus cálculos fueron correctos.

TARJA EL 5 EN EL CUADRO CON SOLUCIONES.

9. Estimado: Unas 13 pulgadas (3 años × 365 días ≈ 1.000 días; 1.000 × 0,013 pulgada = 13 pulgadas).
   Primero multiplica, para encontrar el número total de días en tres años no bisiestos.

   3 años × 365 días por año = 1.095 días

   Luego multiplica el número de días por el crecimiento por día.

   1.095 días × 0,013 pulg/día = 14,235

   Redondea a la centésima más próxima: 14,24.
   Tu pelo crecería unas 14,24 pulgadas.

   Verifica tu respuesta trabajando al revés.
   Primero verifica la última multiplicación mediante la división.

   14,24 ÷ 1.095 = 0,013 ✓

   Luego verifica la primera multiplicación mediante la división.

   1.095 ÷ 3 = 365 (el número de días en un año). ✓

   TARJA EL 14,24 EN EL CUADRO CON SOLUCIONES.

10. Estimado: Aproximadamente un galón más (7 litros son unos 7 × 0,3 = 2 galones; 3 galones − 2 galones = 1 galón).
    Primero, multiplica para encontrar el número de galones que compró Regina.

    7 litros × 0,26 galón por litro = 1,82 galones.

Ahora resta para encontrar cuántos galones más trajo Sara que Regina.

3 galones − 1,82 galones = 1,18 galones

Sara trajo 1,18 galones más de jugo que Regina. Regina estaba errada.

Verifica tu respuesta trabajando al revés.
Primero verifica la resta mediante la suma.

1,18 + 1,82 = 3,00 ✓

Luego verifica la multiplicación mediante la división.

1,82 ÷ 0,26 = 7   o bien,   1,82 ÷ 7 = 0,26 ✓

TARJA EL 1,18 EN EL CUADRO CON SOLUCIONES.

El único número que quedó sin tarjar en el cuadro con soluciones es el 22,59. El helado de crema con frutas y jarabe más pesado que se haya hecho, ¡pesó 22,59 toneladas!

Rascacabezas 8, página 76

1. a. Suma los precios de las compras que hizo Pablo: $15,95 + $15,95 + $7,89 + $49,75 = $89,54. Si miramos los precios de gastos de envío, $89,54 se encuentra entre $76,00 y $99,99, lo que significa que el gasto de envío será $11,95. Suma este gasto de envío al precio de compra: $89,54 + $11,95 = $101,49. El regalo de $100 que recibió Pablo no será suficiente para pagar por su compra. ¿Cuánto más se necesita? Resta para ver la respuesta: $101,49 − $100,00 = $1,49 más.

   b. ¡Deberás suponer y verificar para resolver esta pregunta! Guillermo debe haber gastado menos de $100, ya que una compra de $100 o más habría resultado en gastos de envío de $15, lo cual haría el costo final mayor que su total de $111,51. Su compra no podría haber costado $75,99 o menos ya que los gastos de envío, al máximo, habrían sido de $10,95, lo cual representaría $75,99 + $10,95 = $86,94, es decir menos que su costo total. De este modo, queda claro que sus compras costaron entre $76,00 y 99,99. Resta el costo de envío de $11,95 de su total de $111,51: $111,51 – $11,95 = $99,56 por los cuatro artículos. Suma pares de distintos artículos y luego dobla el costo ya que Guillermo compró dos unidades de dos artículos. Hay solamente dos artículos que, al doblarse sus precios, cuestan $99,56. Guillermo compró dos juegos de platos de spaghetti a $35,49 × 2 = $70,98 y dos armarios para discos a $14,29 × 2 = $28,58. Resulta entonces que $70,98 + $28,58 = $99,56 y $99,56 + $11,95 (gastos de envío) = $111,51, lo cual es correcto.

2. a. El pago se resta de la cuenta. Para encontrar el valor del cheque pagado el 29 de junio, resta el balance de $293,59 al balance previo de $329,42 para obtener $35,83.

   b. El depósito se suma a la cuenta. Para encontrar el nuevo balance, suma el depósito de $145,85 al balance previo de $293,59 para obtener $439,44.

   c. El retiro se resta de la cuenta. Para encontrar cuánto se retiró, resta el balance final de $373,94 al balance previo de $439,44 para obtener $65,50.

3. a. Mira primero a los números enteros y deja los decimales a un lado. Como 22 es el número más grande, 22,47 (Timmerman) corresponde a la distancia mayor. Las otras distancias se encuentran entre 21 y 22 metros. Estudia las columnas de los décimos y encuentra allí el mayor decimal (21,70). Ordena los demás décimos de mayor a menor. La lista completa, en orden, es: 22,47 (Timmerman), 21,70 (Tulce), 21,62 (Barnes), 21,35 (Kyselov) y 21,26 (Andrei).

   b. La palabra "diferencia" significa resta. Resta la distancia mínima a la distancia máxima, es decir, 22,47 – 21,26, y la diferencia es de 1,21 metros.

   c. Mira la tabla y encuentra los años consecutivos en los cuales hubo un aumento de distancia. De 1980 a 1984 la distancia disminuyó. El aumento de distancia entre 1984 y 1988 fue de 22,47 – 21,26 = 1,21 metros. Los otros grupos de años consecutivos tuvieron disminuciones de distancia; por eso, 1984 a 1988 tuvo el máximo y único aumento.

Rascacabezas 9, página 85

1. Divide el largo total del cordel por el largo que cada alumno recibirá.

$$12\frac{3}{4} \div 2\frac{1}{8}$$

Cambia cada número mixto a su fracción impropia equivalente. Así, $12\frac{3}{4} = 5\frac{1}{4}$ y $2\frac{1}{8} = 1\frac{7}{8}$.

$$12\frac{3}{4} \div 2\frac{1}{8} = 5\frac{1}{4} \div 1\frac{7}{8}$$

Cambia la división a multiplicación empleando el número recíproco de $1\frac{7}{8}$, el cual es $\frac{8}{17}$.

$$\frac{51}{4} \div \frac{17}{8} = \frac{\overset{3}{\cancel{51}}}{\underset{1}{\cancel{4}}} \times \frac{\overset{2}{\cancel{8}}}{\underset{1}{\cancel{17}}} = \frac{6}{1} = 6$$

Había seis alumnos en el grupo del guía Patricio.

2. Multiplica la parte fraccionaria de los boletos vendidos por cada amigo por el número de boletos que han de ser vendidos. Ming vendió:

$$\frac{2}{3} \times 24 = \frac{2}{\underset{1}{\cancel{3}}} \times \frac{\overset{8}{\cancel{24}}}{1} = \frac{16}{1} = 16 \text{ boletos}$$

Matías vendió:

$$\frac{1}{4} \times 24 = \frac{1}{\underset{1}{\cancel{4}}} \times \frac{\overset{6}{\cancel{24}}}{1} = \frac{6}{1} = 6 \text{ boletos}$$

Juana vendió:

$$\frac{5}{12} \times 24 = \frac{5}{\underset{1}{\cancel{12}}} \times \frac{\overset{2}{\cancel{24}}}{1} = \frac{10}{1} = 10 \text{ boletos}$$

3. Encuentra primero el número de dulces vendidos a $0,45 cada uno.

$$\frac{5}{8} \times 64 = \frac{5}{\underset{1}{\cancel{8}}} \times \frac{\overset{8}{\cancel{64}}}{1} = \frac{40}{1} = 40 \text{ dulces}$$

Encuentra la cantidad de dinero reunido por la venta de dulces de $0,45.

$$40 \text{ dulces} \times \$0,45 \text{ por dulce} = \$18,00$$

Encuentra el número de dulces vendidos a $0,60 cada uno. Como se vendió un total de 64 dulces y 40 dulces se vendieron por $0,45 cada uno, la diferencia $64 - 40 = 24$ es el número de dulces vendidos por $0,60 cada uno.
Encuentra ahora la cantidad de dinero reunido por la venta de dulces de $0,60.

$$24 \text{ dulces} \times \$0,60 \text{ por dulce} = \$14,40$$

La cantidad total de dinero reunido por la venta de los dulces es $\$18,00 + \$14,40 = \$32,40$.

4. Si haces un dibujo te será más fácil descubrir la operación que has de utilizar.

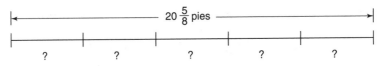

Divide el largo total por 5 para encontrar el largo de un estante. Recuerda que debes dividir cuando conoces el total (largo de la madera) y el número de grupos (estantes), y deseas encontrar el número en cada grupo (largo de un estante).

$$20\frac{5}{8} \div 5 = \frac{165}{8} \div 5 = \frac{\overset{33}{\cancel{165}}}{8} \times \frac{1}{\underset{1}{\cancel{5}}} = \frac{33}{8} = 4\frac{1}{8}$$

(Recuerda que el número recíproco de 5 es $\frac{1}{5}$, y que dividir es lo mismo que multiplicar por el número recíproco).

El largo de un estante es de $4\frac{1}{8}$ pies.

5. Aumentar al doble una receta significa multiplicar todas las cantidades de los ingredientes por dos. Encuentra la cantidad de harina.

$$2\frac{1}{4} \times 2 = \frac{9}{\underset{2}{\cancel{4}}} \times \frac{\overset{1}{\cancel{2}}}{1} = \frac{9}{2}$$

Encuentra la cantidad de azúcar blanco.

$$\underset{2}{\frac{3}{4}} \times \overset{1}{\underset{1}{\frac{2}{1}}} = \frac{3}{2} = 1\frac{1}{2} \text{ tazas}$$

encuentra la cantidad de azúcar marrón. Cambia $1\frac{1}{2}$ a $\frac{3}{4}$ antes de aumentar al doble.

$$1\frac{1}{2} \times 2 = \underset{1}{\frac{3}{2}} \times \overset{1}{\frac{2}{1}} = \frac{3}{1} = 3 \text{ tazas}$$

Rascacabezas 10, página 90

1. Este problema requiere varios pasos. Necesitas encontrar el número de pies que la hormiga  subió en cada una de las tres horas. En la primera hora, la hormiga subió $\frac{1}{6}$ de la altura del árbol. Así, en la primera hora la hormiga subió $\frac{1}{6} \times 24$ pies = 24 pies ÷ 6 = 4 pies. Hay ahora 24 pies − 4 pies = 20 pies que quedan por subir. En la segunda hora la hormiga subió $\frac{1}{4}$ de la altura que quedaba del árbol. Así, en la segunda hora la hormiga subió $\frac{1}{4} \times 20$ pies = 20 pies ÷ 4 = 5 pies adicionales. Hay ahora 20 pies − 5 pies = 15 pies que quedan por subir. En la tercera hora la hormiga subió $\frac{1}{5}$ de la altura que quedaba del árbol. Así, en la tercera hora la hormiga subió $\frac{1}{5} \times 15$ pies = 15 pies ÷ 5 = 3 pies. Hay ahora 15 pies − 3 pies = 12 pies que quedan por subir. Entonces, 12 pies de un total de 24 pies representan la fracción $\frac{12}{24}$, la cual se puede simplificar a $\frac{1}{2}$. La hormiga aún tiene $\frac{1}{2}$ de la altura del árbol por subir. Pon una N sobre la línea de $\frac{1}{2}$.

2. Para encontrar el valor de una acción, suma los aumentos y resta las disminuciones. Las acciones comenzaron a 15\frac{1}{4}$, subieron 1\frac{1}{8}$, bajaron $\frac{3}{16}$, y luego subieron de nuevo 1\frac{3}{8}$. El valor de una acción fue entonces $15\frac{1}{4} + 1\frac{1}{8} - \frac{3}{16} + 1\frac{3}{8}$. El mínimo común denominador de las fracciones es 16.

$$15\frac{4}{16} + 1\frac{2}{16} - \frac{3}{16} + 1\frac{6}{16} = 17\frac{9}{16}$$

Para encontrar el valor de las acciones de Luis, multiplica el valor de una acción por el número total de acciones que él posee.

$$17\frac{9}{16} \times 50 = \frac{281}{\cancel{16}_{8}} \times \frac{\cancel{50}^{25}}{1} = \frac{7,025}{8} = 878\frac{1}{8}$$

El valor de las acciones al final de la semana era de 878\frac{1}{8}$.

Pon una A sobre la línea de 878\frac{1}{8}$.

3. Como estás buscando el número total de millas caminadas por Felicia, necesitas sumar todas las fracciones. Primero cambia todas las fracciones a fracciones con un denominador común de 30, el mínimo común múltiplo de 3, 5, y 6.

$$3\frac{20}{30} + 2\frac{24}{30} + 5\frac{25}{30} = 10\frac{69}{30}$$

Convierte $\frac{69}{30}$ a su forma de número mixto de $2\frac{9}{30}$, la cual se simplifica luego a $2\frac{3}{10}$.

La respuesta final es $10 + 2 + \frac{3}{10} = 12\frac{3}{10}$.

Felicia caminó $12\frac{3}{10}$ millas.

Pon una O en la línea de $12\frac{3}{10}$.

4. Para encontrar cuántas más millas corrió Danika el martes que el jueves, resta el número de millas que ella corrió el jueves del número de millas que corrió el martes.

$$11\frac{1}{4} - 9\frac{5}{8} = 11\frac{2}{8} - 9\frac{5}{8}$$

Como $\frac{5}{8} > \frac{2}{8}$, resta 1 al 11 en $11\frac{2}{8}$ y súmalo de vuelta como $\frac{8}{8}$ (1) a la parte fraccionaria $\frac{2}{8}$. De este modo, $11\frac{2}{8}$ es equivalente a $10\frac{10}{8}$.

$$10\frac{10}{8} - 9\frac{5}{8} = 1\frac{5}{8}$$

Danika corrió $1\frac{5}{8}$ millas más el martes que el jueves.

Pon una S sobre la línea de $1\frac{5}{8}$.

5. Si haces un dibujo te será más fácil ver qué operación debes realizar.

$$\cdots \quad \left| \frac{3}{4} \text{pulgada} \right| \frac{3}{4} \text{pulgada} \left| \frac{3}{4} \text{pulgada} \right| \frac{3}{4} \text{pulgada} \right| \quad \cdots$$

$$\xleftarrow{\hspace{2cm}} 12 \text{ pulgadas} \xrightarrow{\hspace{2cm}}$$

Divide, ya que conoces el número total de pulgadas (largo del collar) y el número de pulgadas en cada grupo (cuenta), y deseas encontrar el número de grupos (cuentas).

$$\frac{12}{1} \div \frac{3}{4} = \frac{\overset{4}{\cancel{12}}}{1} \times \frac{4}{\underset{1}{\cancel{3}}} = \frac{16}{1} = 16$$

Hay 16 cuentas en el collar.
Pon una I sobre la línea de 16.

6. La receta está calculada para proveer tres docenas de galletas. Tres docenas multiplicadas por 12 galletas por docena dan 36 galletas. Para hacer 48 galletas, es necesario aumentar la cantidad de cada uno de los ingredientes. Para obtener dicho aumento, debe multiplicarse la cantidad de cada ingrediente por un número común que permita aumentar todos los ingredientes en la misma proporción. Debes determinar cuántas veces más grande es 48 que 36. Para hacerlo, divide:

$48 \div 36 = 1\frac{1}{3}$. Cada cantidad debe multiplicarse por $1\frac{1}{3}$ $\left(\frac{4}{3}\right)$.

Necesitarás $\frac{1}{3} \times \frac{4}{3} = \frac{4}{9}$ de taza de mantequilla; $\frac{5}{2} \times \frac{\overset{2}{\cancel{4}}}{\underset{1}{3}} = \frac{10}{3}$ $= 3\frac{1}{3}$ tazas de harina; $\frac{\overset{3}{\cancel{3}}}{\underset{1}{\cancel{4}}} \times \frac{\overset{1}{\cancel{4}}}{\underset{1}{\cancel{3}}} = 1$ taza de azúcar. Suma ahora todas las cantidades para encontrar el número total de tazas de todos los ingredientes necesarios para hacer 48 galletas.

$$\frac{4}{9} + 3\frac{1}{3} + 1 = \frac{4}{9} + \frac{10}{3} + 1 = \frac{4}{9} + \frac{30}{9} + \frac{9}{9} = \frac{43}{9} = 4\frac{7}{9} \text{ tazas.}$$

Pon una I sobre la línea de $4\frac{7}{9}$.

7. Para encontrar cuántas más libras de salchichas que de carne molida compró Betti, resta el número de libras de carne molida al número de libras de salchichas.

$$6\frac{1}{4} - 5\frac{5}{8} = 6\frac{2}{8} - 5\frac{5}{8} = 5\frac{10}{8} - 5\frac{5}{8} = \frac{5}{8}$$

Betti compró $\frac{5}{8}$ de libra más de salchichas que de carne molida.

Pon una M sobre la línea de $\frac{5}{8}$.

8. Halla primero la cantidad de dinero que Camilo invierte en su cuenta de ahorros y gasta en arriendo, pago de préstamo y electricidad.

Para la cuenta de ahorros: $\frac{1}{10} \times \$840 = \$840 \div 10 = \$84$

Para el arriendo: $\frac{2}{7} \times \$840 = \frac{2}{7} \times \frac{\overset{120}{\cancel{\$840}}}{1} = \$240$

Para el pago del préstamo: $\frac{1}{5} \times \$840 = \$840 \div 5 = \$168$

Para la electricidad: $\frac{1}{6} \times \$840 = \$840 \div 6 = \$140$

Suma estos gastos de Camilo.

$$\$84 + \$240 + \$168 + \$140 = \$632$$

Esto deja $\$840 - \$632 = \$208$ para otros gastos.
Le quedan a Camilo $\$208$ para otros gastos.
Pon una B sobre la línea de 208.

9. Para encontrar el largo del espacio descubierto, encuentra primero el largo total del espacio cubierto. Esto se logra sumando los largos de todos los cuadros. Después de reescribirse las fracciones para lograr fracciones con un denominador común de 12, la suma final es:

$$2\frac{9}{12} + 3\frac{6}{12} + 4\frac{7}{12} = 9\frac{22}{12} = 10\frac{10}{12}, \text{ or } 10\frac{5}{6}.$$

Resta esta cantidad al largo de la pared.

$$12\frac{2}{6} - 10\frac{5}{6} = 11\frac{8}{6} - 10\frac{5}{6} = 1\frac{3}{6} = 1\frac{1}{2}$$

Hay un largo combinado de $1\frac{1}{2}$ pies de pared descubierta.

Pon una V sobre la línea de $1\frac{1}{2}$.

10. 100 yardas $\times$ 3 pies por yarda = 300 pies;

    300 pies $\times \frac{3}{10}$ de metro por pie = 90 metros.

    Una cancha de fútbol de 100 yardas de largo tiene aproximadamente 90 metros de largo.
    Pon una L sobre la línea de 90.

11. El largo y el ancho de la fotografía aumentan por el mismo factor. Para encontrar el factor del aumento (el mismo método empleado para aumentar los ingredientes en la receta de cocina), basta con dividir un grupo de números. (Sin embargo, puedes dividir los otros números para verificar). El problema es:

    $$8\frac{3}{4} \div 3\frac{1}{2} = \frac{35}{4} \div \frac{7}{2} = \frac{\overset{5}{\cancel{35}}}{\underset{2}{\cancel{4}}} \times \frac{\overset{1}{\cancel{2}}}{\underset{1}{\cancel{7}}} = \frac{5}{2} = 2\frac{1}{2}$$

    Cada dimensión aumentó $2\frac{1}{2}$ veces

    Pon una O sobre la línea de $2\frac{1}{2}$.

12. 60 minutos por hora $\times$ 24 horas por día resultan en 1.440 minutos por día. Un minuto es $\frac{1}{1.440}$ de un día.

    Pon una R sobre la línea de $\frac{1}{1.440}$.

Código de respuestas

$\underline{\text{S}}\quad\underline{\text{I}}\quad\underline{\text{M}}\quad\underline{\text{Ó}}\quad\underline{\text{N}}\qquad\underline{\text{B}}\quad\underline{\text{O}}\quad\underline{\text{L}}\quad\underline{\text{Í}}\quad\underline{\text{V}}\quad\underline{\text{A}}\quad\underline{\text{R}}$

Simón Bolívar ganó la independencia de Colombia, Panamá, Ecuador, Venezuela, Perú y Bolivia.

CAPÍTULO CUATRO

Razonables relaciones y razones, y excelentes proporciones

Cuando compares dos cantidades mediante relación, razón o proporción, se calmarán todas tus ansiedades y tendrás la respuesta de un tirón.

USO DE RELACIONES EN PROBLEMAS VERBALES

Cuando comparas dos cantidades que poseen las mismas unidades, estás encontrando una *relación*. Para resolver problemas verbales empleando relaciones, debes usar de nuevo los cuatro pasos de George Polya. Nunca olvides que debes entender el problema antes de ponerte a planear. Para entender un problema con relaciones, debes primero leerlo con cuidado y luego hacerte las preguntas siguientes: ¿De qué trata el problema? ¿Qué es lo que se me pide encontrar? ¿Hay suficiente información?

También debes planear una estrategia, realizar tu plan y verificar tu respuesta.

Sugestiones para encontrar relaciones

Antes de resolver un problema con relaciones, debes primero encontrar la relación.

Para encontrar la relación de 30 millas a 45 millas, emplea los pasos siguientes.

Primero, asegúrate de que las unidades son las mismas. En este caso, las unidades son millas y millas.

Ahora mira a los números correspondientes. En este caso, los números 30 y 45.

Crea una fracción haciendo numerador al número que se encuentra antes de la palabra "a" en la comparación y denominador al número que se encuentra después de la palabra "a".

Aquí, la fracción es $\dfrac{30 \text{ mi}}{45 \text{ mi}}$.

Expresa la fracción en su forma más simple. (Vuelve al Capítulo 3 para repasar las sugestiones sobre fracciones equivalentes y la forma más simple).

$$\frac{30}{45} = \frac{2}{3} = 2 \text{ a } 3$$

La relación $\dfrac{30}{45}$ es la misma que $\dfrac{2}{3}$, la cual se lee como la relación "dos a tres" (y no como la fracción "dos tercios").

NOTA MATEMÁTICA

En todo problema que comprende relaciones, la raya fraccionaria se lee como "a". La relación *no* se lee como una fracción tradicional.

Las relaciones pueden escribirse:
    como una fracción en su forma más simple, o

como una frase que emplea la palabra "a" entre los números, o con dos puntos entre los números (como en 2 : 3). Los dos puntos se leen como "a".

En este libro expresaremos con frecuencia las relaciones como fracciones.

EJEMPLO:

Entrenándose para la maratón, Máximo corrió 30 millas en la primera semana y 45 millas en la segunda semana. ¿Cuál es la relación del millaje hecho por Máximo entre una y otra semana?

Paso 2: Planea una estrategia.

Encuentra la relación entre la distancia recorrida en la semana uno y la semana dos. Usa tu conocimiento de las fracciones para formar y reducir la relación.

Paso 3: Realiza el plan.

Primero asegúrate de que las unidades son las mismas para ambas distancias: millas y millas.

Ten cuidado de poner los números en la parte correcta de la relación. En este caso, la relación es $\frac{30 \text{ mi}}{45 \text{ mi}}$, la cual se reduce luego a $\frac{2}{3}$ (2 a 3).

Paso 4: Verifica tu trabajo.

En este caso, la verificación significa repasar el problema. Asegúrate de tener los números en el orden correcto y que la fracción está reducida correctamente.

Nota que si hubieras escrito $\frac{45}{30}$ y simplificado a $\frac{3}{2}$, es decir, 3 a 2, no estarías respondiendo correctamente a la pregunta, pues estarías comparando la semana dos a la semana uno y no, como se te había pedido, la semana uno a la semana dos.

EJEMPLO:

La última temporada, el equipo de baloncesto Planetas ganó 15 partidos y perdió 25 partidos. Encuentra la relación entre los partidos ganados y el total de partidos jugados.

Paso 2: Planea una estrategia.

Primero usa la suma para encontrar el número total de partidos jugados la última temporada.

Encuentra la relación entre los partidos ganados y el total de partidos jugados.

Emplea tu conocimiento de las fracciones para formar y reducir la relación.

Paso 3: Realiza el plan.

Suma los partidos ganados con los perdidos para encontrar el número total de partidos jugados:
$15 + 25 = 40$ partidos jugados.

Asegúrate de que las unidades usadas son las mismas para cada número: partidos y partidos. ✓

Ten cuidado de poner los números en la parte correcta de la relación. En este caso se te pide encontrar la relación entre los partidos ganados (15) y el número total de partidos jugados (40), y la relación es

$\dfrac{15 \text{ partidos}}{40 \text{ partidos}}$, la que se reduce a $\dfrac{3}{8}$ (3 a 8).

Paso 4: Verifica tu trabajo.

En este caso, la verificación significa repasar el problema. Asegúrate de tener el total de partidos correcto, de tener los números en el orden necesario y de reducir correctamente la fracción.

EJEMPLO:

La película que muestran en el Cine 1 dura 90 minutos y la película que muestran en el Cine 2 dura 2 horas. Encuentra la relación entre la duración de ambas películas.

Paso 2: Planea una estrategia.

Primero convierte las horas que dura la película en el Cine 2 a minutos.

Luego encuentra la relación entre la duración en minutos de la película en el Cine 1 y la duración en minutos de la película en el Cine 2. Emplea tus conocimientos de las fracciones para formar y reducir la relación.

Paso 3: Realiza el plan.

La duración en minutos de la película en el Cine 2 es de 2 horas × 60 minutos por hora = 120 minutos.

Asegúrate de que las unidades empleadas sean idénticas para cada número (ahora minutos a minutos). ✓

Ten cuidado de poner los números en la parte correcta de la relación. En este caso se te pide la relación entre la duración de la película en el Cine 1 y la duración de la película en el Cine 2, es decir, la relación de $\dfrac{90 \text{ min}}{120 \text{ min}}$, la cual se puede reducir a $\dfrac{3}{4}$ (3 a 4).

Paso 4: Verifica tu trabajo.

Verificar en este caso significa repasar el problema. Asegúrate de haber cambiado las horas a minutos correctamente, de haber ordenado los números como se debe en la relación y de haber reducido la fracción adecuadamente.

NOTA MATEMÁTICA

Cuando una relación comprende un tipo de medida común (distancia, tiempo, dinero, peso, etc.), pero las unidades no son las mismas, cambia una de las unidades para hacerla idéntica a la otra unidad. Por lo general, es más fácil cambiar la unidad mayor a la unidad menor.

Por ejemplo, para cambiar una relación de *horas a minutos* a una relación de *minutos a minutos*, multiplica el número de horas por 60.

Para cambiar *dólares a centavos* a *centavos a centavos*, multiplica el número de dólares por 100.

Para cambiar *pies a pulgadas* a *pulgadas a pulgadas*, multiplica el número de pies por 12.

Si un problema requiere una relación que compare una unidad específica, deberás cambiar todas las medidas a esa unidad. De lo contrario, aprovecha las sugerencias que acabas de leer para facilitar tu trabajo.

RASCACABEZAS 11

Para solucionar los siguientes problemas verbales con relaciones, léelos cuidadosamente, planea una estrategia, realiza el plan y verifica tu trabajo. Luego, empleando tus propias palabras, enumera los pasos que has seguido para solucionar los problemas.

1. Una receta de cocina requiere 6 tazas de harina y 8 tazas de azúcar. Tal receta producirá suficientes galletas para toda la clase. Encuentra la relación entre las tazas de azúcar y las tazas de harina.

2. Una barra de chocolate que costaba 25¢ en 1980 costó 60¢ en 2000. Encuentra la relación entre el *aumento* del precio de la barra de chocolate y su precio en 1980.

3. Un par de zapatillas cuesta $70 y un par de zapatos cuesta $84. Encuentra la relación entre el precio de las zapatillas y el precio de los zapatos.

4. Una fuente corriente de spaghetti pesa 2 onzas. La fuente de spaghetti más enorme que jamás se haya hecho pesó 605 libras. ¿Cuál es la relación entre la fuente corriente y la fuente gigante? (16 onzas = 1 libra).

5. Burger City vendió 75 hamburguesas entre las 12:30 PM y la 1:00 PM, y 100 hamburguesas entre la 1:00 PM y la 1:30 PM. Encuentra la relación entre el número de hamburguesas vendidas entre 12:30–1:00 PM y 1:00–1:30 PM.

6. En el restaurante Niño Feliz, los precios para los niños menores de 12 años son de $1,25 por un pedazo de pizza, 80¢ por una soda y 45¢ por un vaso de helado.

   a. Encuentra la relación entre el precio de un pedazo de pizza y el precio de un vaso de helado.

b. Encuentra la relación entre el precio del pedazo de pizza y el precio total de una soda y un vaso de helado.

7. La Universidad Hughes ofrece un curso veraniego de matemáticas que requiere asistencia cinco horas diarias, cinco días a la semana, durante dos semanas. El mismo curso, ofrecido en invierno, requiere asistencia dos horas al día, una vez por semana, durante diez semanas. Encuentra la relación entre el total de horas del curso veraniego y el total de horas del curso de invierno.

(Las respuestas están en la página 130).

Las relaciones conducen a las razones
(y éstas las verás a continuación).
Las razones son rápidas como ratones
para encontrar la solución.

USO DE RAZONES EN PROBLEMAS VERBALES

Cuando comparas dos cantidades que tienen distintas unidades, estás buscando la *razón*.

Sugestiones para encontrar razones

Conviene estudiar problemas con distintas unidades y sus correspondientes números. Por ejemplo, mira el siguiente problema:

Las naranjas cuestan $2,49 por bolsa de 3 libras. ¿Cuál es el precio por libra de estas naranjas?

Las unidades en este ejemplo son dólares y libras. La razón es el número de dólares por una libra de naranjas.

Crea una fracción al colocar el precio total ($2,49) en el numerador y el peso de una bolsa (3 libras) en el denominador. La fracción es $\frac{\$2,49}{3\,lb}$.

Simplifica la fracción dividiendo el numerador por el denominador.

$$\frac{\$2,49}{3\,lb} = \$2,49 \div 3\,lb = \$0,83 \text{ por una libra}$$

NOTA MATEMÁTICA

Pon atención a las palabras *por, para, en.*

Aquí hay algunos ejemplos de razones: 55 millas *por* hora, $51 *por* 6 horas de trabajo, 20 galletas *para* 5 personas, 3 pedazos de pizza *en* 12 minutos, 200 personas *por* milla cuadrada, 2 frutas *por* persona.

EJEMPLO:

El Mercado Compramucho anunció la venta de 5 libras de papas por $2,55. Considerando esta razón, encuentra el precio de una libra de papas.

Paso 2: Planea una estrategia.

Forma la fracción con el costo total de las 5 libras de papas en el numerador y el peso total de 5 libras en el denominador.

Divide para encontrar el precio de una libra de papas.

Paso 3: Realiza el plan.

$$\frac{\$2,55}{5 \text{ lb}} = \$2,55 \div 5 \text{ lb} = \$0,51 \text{ por libra de papas}$$

El precio de una libra de papas (el *precio por unidad*) es 51¢.

Paso 4: Verifica tu trabajo.

Asegúrate de haber formado la fracción correcta, con el costo total en el numerador y el número de libras en el denominador.

Verifica tu división mediante la multiplicación.

$$\$0,51/\text{lb} \times 5 \text{ lb} = \$2,55 \text{ por 5 libras} \quad \checkmark$$

EJEMPLO:

Para romper el récor mundial, un barbero afeitó a 278 hombres en 60 minutos. Haciendo uso de esta razón, ¿aproximadamente cuántos hombres podría él afeitar en un minuto?

Paso 2: Planea una estrategia.

Forma la fracción con el número total de hombres afeitados en el numerador y el tiempo total en minutos requerido para afeitarlos en el denominador.

Divide para encontrar el número de hombres afeitados en un minuto.

Paso 3: Realiza el plan.

$$\frac{278 \text{ hombres}}{60 \text{ min}} = 278 \text{ hombres} \div 60 \text{ min}$$

$$= 4{,}63 \text{ hombres por minuto}$$

Como se pregunta "aproximadamente cuántos hombres", redondea 4,63 a 5.
El barbero en busca del récor podía afeitar unos 5 hombres en un minuto.

Paso 4: Verifica tu trabajo.
Asegúrate de haber formado la fracción correcta, con el número total de hombres en el numerador y el número total de minutos en el denominador.
Verifica tu división mediante la multiplicación.

4,63 hombres afeitados por minuto × 60 minutos = 277,8 hombres, cantidad que se redondea a 278 hombres. ✓

EJEMPLO:

Celia compró ocho paquetes de seis botellas de soda para una merienda. Si 16 personas fueron a la merienda y cada persona bebió el mismo número de botellas de soda, ¿cuántas botellas bebió cada persona si todas las botellas fueron distribuidas?

Paso 2: Planea una estrategia.
Primero multiplica, para encontrar el número de botellas de soda llevadas a la merienda.
Luego forma la fracción con el número total de botellas en el numerador y el número de personas en el denominador.
Divide para encontrar el número de botellas de soda por persona.

Paso 3: Realiza el plan.

8 paquetes × 6 botellas por paquete = 48 botellas de soda

$$\frac{48 \text{ botellas}}{16 \text{ personas}} = 48 \text{ botellas} \div 16 \text{ personas}$$

$$= 3 \text{ botellas de soda por persona}$$

Cada persona bebió 3 botellas de soda en la merienda.

Paso 4: Verifica tu trabajo.

Verifica tu multiplicación mediante la división.

48 botellas de soda ÷ 8 paquetes = 6 botellas de soda por paquete, o bien

48 botellas de soda ÷ 6 botellas por paquete = 8 paquetes de soda. ✓

Asegúrate de haber formado la fracción correcta y de haber puesto el número total de botellas de soda en el numerador y el número de personas que fueron a la merienda en el denominador. Verifica tu división mediante la multiplicación.

3 botellas de soda por persona × 16 personas = 48 botellas de soda ✓

RASCACABEZAS 12

Resuelve cada uno de estos problemas verbales con razones leyéndolos cuidadosamente, planeando una estrategia, realizando el plan y verificando tu trabajo. Luego, usando tus propias palabras, enumera los pasos que seguiste para resolver el problema.

1. La semana pasada, Alina trabajó siete horas diarias de lunes a jueves y ocho horas el sábado. Ganó un total de $333. Si su sueldo (razón) por hora fue constante, encuentra la cantidad de dinero que Alina ganó por cada hora de trabajo.

2. El Mercado Compramucho está anunciando 3 libras de plátanos por $2,37. El Mercado Gran Cosecha anuncia 2 libras de plátanos por $1,70. ¿Qué mercado anuncia el precio más bajo por la libra de plátanos?

3. Viajando por el país, la familia López recorrió 510 millas en 8,5 horas. Sobre la base de esta razón, ¿cuántas millas viajaron los López por hora?

4. La cena más cara que se conoce fue pedida una vez por tres comensales en Londres, quienes pagaron cerca de $21,000 dólares. Si estas personas dividieron el costo por partes iguales, ¿cuál fue el costo por persona?

5. Mr. Cepillo ofrece tres maneras de pagar por los lavados de auto: un librito con seis cupones para 6 lavados de auto por $33,00, una oferta especial de dos lavados por $11,50, o un lavado por $5,95. ¿Qué opción ofrece el lavado de auto más barato?

6. Linda horneó tres bandejas de dulces de limón para una reunión. Había 24 dulces por bandeja, 24 oficinistas acudieron a la reunión, cada persona comió el mismo número de dulces y todos los dulces fueron comidos. ¿Cuántos dulces comió cada persona?

7. En 4,5 semanas, una clase de escuela primaria leyó 243 libros. Sobre la base de esta razón, ¿cuántos libros se leyeron cada semana?

8. Patricio puso su colección de 28 libros de historia—uno al lado de otro—en un librero. El largo de los libros juntos era de 42 pulgadas. ¿Cuántos libros pueden ponerse uno al lado de otro en un pie de estante?

9. Como parte de su entrenamiento, Rosa corre 1,5 millas en 15 minutos y luego camina 2 millas en los 30 minutos siguientes. ¿Cuál es la diferencia entre la razón de millas por hora corridas y la razón de millas por hora caminadas?

10. En el estado de Connecticut, una cena que cuesta $14 tiene un impuesto de $0,84. ¿Cuál es la razón de centavos por dólar en los impuestos de Connecticut?

(Las respuestas están en la página 131).

Las relaciones y las razones
son sólo parte de nuestro plan.
Para encontrar todo tipo de soluciones,
¡Aquí vienen las proporciones!

USO DE PROPORCIONES EN PROBLEMAS VERBALES

Los mismos pasos empleados para resolver problemas verbales con relaciones y razones se emplean para resolver problemas con proporciones.

NOTA MATEMÁTICA

Cuando comparas dos relaciones o dos razones que tienen valores iguales, estás trabajando con una *proporción*. (Dos fracciones equivalentes pueden llamarse proporción).

Aquí tienes algunos ejemplos de proporciones:

$1,00 por 4 libras = $0,25 por una libra, o bien,

$$\frac{1,00}{4} = \frac{0,25}{1}$$

44 millas por hora = 11 millas por 15 minutos, o bien,

$$\frac{44}{60} = \frac{11}{15}$$

¿Cómo verificar que dos razones son iguales y que por eso forman una proporción? En una proporción, los productos cruzados son iguales.

$\frac{1,00}{4} \times \frac{0,25}{1}$ Los productos cruzados son $1,00 \times 1 = 1,00$ y $4 \times 0,25 = 1,00$.

$\frac{44}{60} \times \frac{11}{15}$ Los productos cruzados son $44 \times 15 = 660$ y $60 \times 11 = 660$.

Sugestiones para trabajar con proporciones

La escala en un mapa muestra que 2 pulgadas representan una distancia real de 50 millas. La distancia entre dos ciudades en el mapa es de 7 pulgadas. Samuel afirma que la distancia real entre las dos ciudades es de 175 millas. ¿Tiene razón Samuel?

Cuando estés comparando dos razones, examina las dos distintas unidades en cada razón. En este caso, las unidads son pulgadas y millas.

Crea una fracción usando palabras; para eso, coloca una unidad en el numerador y la otra unidad en el denominador. En este caso puedes crear la fracción $\frac{pulgadas}{millas}$. (No importa cuál de las dos unidades se pone en el numerador. La otra unidad se pone en el denominador).

Crea dos fracciones insertando los números que corresponden a cada unidad en la fracción. Aquí, las fracciones son $\frac{2 \text{ pulgadas}}{50 \text{ millas}}$ y $\frac{7 \text{ pulgadas}}{175 \text{ millas}}$.

Iguala una fracción con otra. (Las proporciones son dos relaciones o razones iguales).

$$\frac{2}{50} \overset{?}{=} \frac{7}{175}$$

(El signo interrogativo significa que aún no sabemos si las fracciones son iguales o no. ¡He ahí el problema!)

Multiplica los productos cruzados para ver si ambas razones son iguales.

$$2 \times 175 \overset{?}{=} 50 \times 7$$

$$350 = 350 \quad \checkmark$$

Las dos razones son iguales. Así, 7 pulgadas corresponden a 175 millas. Samuel tuvo razón.

EJEMPLO:

Compra y Ahorra	**Compras Estelares**
¡Oferta!	¡Oferta!
Manzanas deliciosas	Manzanas deliciosas
4 libras por $2,36	6 libras por $3,54

¿Qué tienda ofrece las manzanas más baratas?

Paso 2: Planea una estrategia.

Determina el precio por unidad en cada una de las dos tiendas.

Compara los precios por unidad para determinar qué tienda tiene la mejor oferta, o si los precios por unidad son iguales.

Paso 3: Realiza el plan.

Para la tienda Compra y Ahorra, forma la fracción con el costo total de 4 libras de manzanas en el numerador y el peso total de 4 libras de manzanas en el denominador. Divide para encontrar el precio de una libra de manzanas.

$$\frac{\$2,36}{4\ lb} = \$2,36 \div 4\ lb = \$0,59 \text{ por libra en Compra y Ahorra}$$

Haz lo mismo con Compras Estelares.

$$\frac{\$3,54}{6\ lb} = \$3,54 \div 6\ lb = \$0,59 \text{ por libra en Compras Estelares}$$

Ambas tiendas tienen el mismo precio por unidad. Ninguna tienda aventaja a la otra. Dos razones que son iguales forman una proporción.

$$\frac{\$2,36}{4} = \frac{\$3,54}{6} \text{ es una proporción}$$

Paso 4: Verifica tu trabajo.

Verifica tus divisiones mediante multiplicaciones.

$$\$0,59 \times 4 = \$2,36 \quad \checkmark$$

$$\$0,59 \times 6 = \$3,54 \quad \checkmark$$

También puedes verificar con productos cruzados para demostrar que las razones son iguales.

$$\frac{\$2,36}{4} \stackrel{?}{=} \frac{\$3,54}{6}$$

$$2,36 \times 6 \stackrel{?}{=} 4 \times 3,54$$

$$14,16 = 14,16 \quad \checkmark$$

EJEMPLO:

Florina tiene una receta para hacer 36 galletas. La receta requiere $1\frac{1}{2}$ tazas de harina. Florina desea aumentar los ingredientes para poder hornear 48 galletas. ¿Cuántas tazas de harina necesitará?

Paso 2: Planea una estrategia.

Las dos unidades diferentes son tazas y galletas.

Establece la razón $\dfrac{\text{tazas de harina}}{\text{galletas}}$ para cada receta de modo que una sea igual a la otra y se forme así una proporción.

NOTA MATEMÁTICA

Si en una parte de la fracción de una razón hay una unidad que no tiene su correspondiente número, usa un símbolo en lugar de ese número. Este símbolo, que es generalmente una letra, representa el número que falta. En este ejemplo, usaremos la letra t.

Paso 3: Realiza el plan.

La proporción $\dfrac{1\frac{1}{2}\ \text{tazas de harina}}{36\ \text{galletas}} = \dfrac{t\ \text{tazas de harina}}{48\ \text{galletas}}$

Multiplica en cruzado:

$$1\frac{1}{2} \times 48 = 36 \times t$$

$$72 = 36 \times t$$

Divide ambos lados por 36.

$$72 \div 36 = (36 \times t) \div 36$$

$$2 = t, \text{ o bien } t = 2 \text{ tazas}$$

Dos tazas de harina se necesitarán para hacer 48 galletas.

Paso 4: Verifica tu trabajo.

Substituye t por las 2 tazas de harina en tu proporción.

$$\dfrac{1\frac{1}{2}\ \text{tazas de harina}}{36\ \text{galletas}} \overset{?}{=} \dfrac{2\ \text{tazas de harina}}{48\ \text{galletas}}$$

Multiplica en cruzado para determinar si se trata de una proporción o no.

$$1\frac{1}{2} \times 48 \overset{?}{=} 36 \times 2$$

$$72 = 72 \quad \checkmark$$

La respuesta, 2 tazas, es correcta.

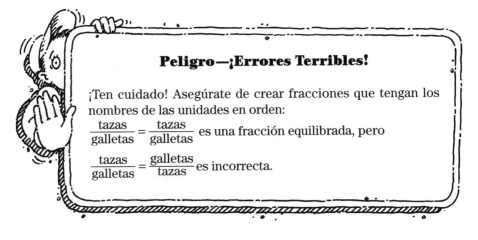

Peligro—¡Errores Terribles!

¡Ten cuidado! Asegúrate de crear fracciones que tengan los nombres de las unidades en orden:

$\dfrac{\text{tazas}}{\text{galletas}} = \dfrac{\text{tazas}}{\text{galletas}}$ es una fracción equilibrada, pero

$\dfrac{\text{tazas}}{\text{galletas}} = \dfrac{\text{galletas}}{\text{tazas}}$ es incorrecta.

EJEMPLO:

En un mapa, cada 2 pulgadas representan una distancia real de 100 millas. Si la distancia entre dos pueblos en el mapa es de 5 pulgadas, encuentra la distancia real.

Paso 2: Planea una estrategia.

Las dos unidades distintas son pulgadas y millas.

Iguala la razón $\dfrac{\text{pulgadas}}{\text{millas}}$ para la escala en el mapa y la razón $\dfrac{\text{pulgadas}}{\text{millas}}$ para la distancia entre los pueblos. Como la distancia real entre los pueblos se desconoce, usa un símbolo en su lugar.

Paso 3: Realiza el plan.

La proporción es $\dfrac{2\text{ pulgadas}}{100\text{ millas}} = \dfrac{5\text{ pulgadas}}{m\text{ millas}}$.

Multiplica en cruzado.

$$2 \times m = 100 \times 5$$
$$2 \times m = 500$$

Divide ambos lados de la ecuación por 2.

$$(2 \times m) \div 2 = 500 \div 2$$

$$m = 250 \text{ millas}$$

La distancia real entre los dos pueblos es de 250 millas.

Paso 4: Verifica tu trabajo.

Substituye m por 250 millas en la proporción.

$$\frac{2 \text{ pulgadas}}{100 \text{ millas}} \overset{?}{=} \frac{5 \text{ pulgadas}}{250 \text{ millas}}$$

Multiplica en cruzado para asegurarte de que tienes una proporción.

$$2 \times 250 \overset{?}{=} 100 \times 5$$

$$500 = 500 \quad \checkmark$$

La respuesta, 250 millas, es correcta.

NOTA MATEMÁTICA

Cuando estés resolviendo problemas con proporciones, la variable puede ir a parar tanto al numerador como al denominador de una fracción. Todo dependerá del número desconocido y de su ubicación cuando se estén igualando las unidades.

EJEMPLO:

En una clase de la escuela, la razón entre niños y niñas es de $3 : 4$. ¿Cuántas niñas hay en la clase si hay un total de 140 alumnos en la sala?

Paso 2: Planea una estrategia.

Como conocemos el número total de alumnos pero desconocemos el número de niños, no podemos usar la razón de $3 : 4$, es decir, 3 niños por cada 4 niñas, para encontrar el número de niñas en forma directa.

Deberás encontrar la razón entre el número de niñas y el número total de alumnos, y luego escribir una proporción y encontrar el número de niñas en la clase.

Paso 3: Realiza el plan.

Si hay 3 niños por cada 4 niñas, hay entonces 4 niñas por cada 3 niños + 4 niñas = 7 alumnos. Así, la razón que debe emplearse para encontrar el número de niñas en una clase de 140 estudiantes es de 4 niñas por cada 7 estudiantes, es decir, 4 : 7. Escribe una proporción.

$$\frac{4 \text{ niñas}}{7 \text{ alumnos}} = \frac{n \text{ niñas}}{140 \text{ alumnos}}$$

Como se deconoce el número de niñas en la clase, la letra n se usa para representar el número que falta.

Multiplica en cruzado.

$$4 \times 140 = 7 \times n$$

$$560 = 7 \times n$$

Divide ambos lados de la ecuación por 7.

$$560 \div 7 = (7 \times n) \div 7$$

$$80 = n$$

Hay 80 niñas en la clase de 140 alumnos.

Paso 4: Verifica tu trabajo.

Substituye n por 80 en la proporción.

$$\frac{4 \text{ niñas}}{7 \text{ alumnos}} \overset{?}{=} \frac{80 \text{ niñas}}{140 \text{ alumnos}}$$

Multiplica en cruzado para asegurarte de tener una proporción.

$$4 \times 140 \overset{?}{=} 7 \times 80$$

$$560 = 560 \quad \checkmark$$

La respuesta, 80 niñas, es correcta.

RASCACABEZAS 13

Para solucionar los problemas verbales siguientes, planea y realiza una estrategia. Acuérdate de verificar tu trabajo. Al final de cada problema, encontrarás una letra. Escribe la letra en la línea que corresponde a la respuesta numérica al problema en el código de respuestas que encontrarás al final de este grupo de problemas. Cuando hayas completado el código de respuestas, verás la solución a la pregunta siguiente:

¿Qué animales domésticos los norteamericanos pretenden comer pero nunca comen?

1. Rogelio Veloz puede correr $\frac{3}{4}$ de una carrera en 18 minutos. A esa velocidad, ¿cuánto tiempo le tomaría correr toda la carrera? (N)

2. Una vez, varios estudiantes empujaron una bañera sobre ruedas cerca de 320 millas en 24 horas. Siguiendo esta razón, ¿cuántas millas podría esta bañera ser empujada en 6 horas? (R)

3. La tienda Salvaplata vende 3 libras de naranjas por $1,29. El precio de unidad es el mismo tanto en la tienda Salvaplata como en la tienda Muybarato. Si una bolsa de naranjas cuesta $2,15 en Muybarato, ¿cuántas libras pesa la bolsa? (P)

4. En el campamento Pinos Verdes la razón entre los consejeros y los veraneantes es de 3 a 20. ¿Cuántos veraneantes viven en el campamento si hay 36 consejeros? (C)

5. Encuentra la distancia real entre San Antonio y Santa Marta sabiendo que la distancia entre ambos en el mapa es de 3 pulgadas. (I)

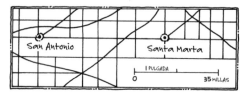

6. ¿Cuál sería la distancia en el mapa entre ciudad Hermosa y ciudad Bella si la distancia real entre ambas es de $81\frac{1}{4}$ millas y la escala en el mapa es 3 pulgadas = 25 millas? (L)

7. Una fotografía que mide $3\frac{1}{2}$ pulgadas de alto y 5 pulgadas de ancho fue ampliada. La ampliación tiene $12\frac{1}{2}$ pulgadas de ancho. Si la razón entre el alto y el ancho se mantuvo en la ampliación, ¿cuál es el alto de la fotografía ampliada? (T)

8. La razón entre los estudiantes que estudian francés y los estudiantes que estudian español es de 2 : 3. Si hay 150 estudiantes que estudian francés o español, ¿cuántos estudiantes estudian español? (R)

9. José Pelotero golpeó la pelota 24 veces en 60 intentos. Con esa razón, ¿cuántas veces debiera golpear la pelota si lo intenta 100 veces? (E)

10. La razón entre niños y niñas en una liga de tenis es de 4 : 5. Si hay 63 personas en total, ¿cuántos niños hay en la liga? (O)

11. En una ocasión, una mujer escribió 216 palabras por minuto en el teclado de su computadora. Con tal razón, ¿cuántas palabras podría escribir en siete minutos? (A)

12. Un cuadro que mide $8\frac{1}{2}$ pulgadas de alto y 11 pulgadas de ancho debe reducirse para que quepa en un marco que mide $6\frac{4}{5}$ pulgadas de alto. Si todas las medidas se reducen en la misma razón, cuál será el ancho del cuadro reducido? (E)

13. Un CD ofrecido por $12 cuesta $12,60 una vez que se ha cobrado el impuesto. Con semejante razón, ¿cuál sería el impuesto en un CD que cuesta $20? (E)

14. La razón entre panes y empanadas vendidos un lunes en la panadería La Fresca fue de 5 : 2. ¿Cuántos panes y empanadas se vendieron juntos ese lunes si se vendieron 120 empanadas? (S)

15. La ciudad de Nueva York tiene un impuesto de compraventa de $8\frac{1}{4}$ ¢ por dólar. Encuentra el costo total, incluyendo el impuesto, de un teléfono cuyo precio es de $48. (S)

Código de respuestas

Los animales domésticos que los norteamericanos pretenden comer pero nunca comen son los

$\overline{5}$	$\overline{8,8}$	$\overline{80}$	$\overline{90}$	$\overline{28}$	$\overline{420}$			
$\overline{240}$	$\overline{1.512}$	$\overline{9,75}$	$\overline{52,5}$	$\overline{1,00}$	$\overline{24}$	$\overline{8,75}$	$\overline{40}$	$\overline{51,96}$

(Las respuestas están en la página 134).

RASCACABEZAS—RESPUESTAS

Rascacabezas 11, página 115

1. La relación entre el número de tazas de azúcar y el número de tazas de harina es de $\frac{8}{6}$, la cual se puede reducir a $\frac{4}{3}$, o bien, 4 a 3.

2. Encuentra primero el aumento en el precio desde 1980 hasta 2000:

   60¢−25¢ = 35¢

   La relación entre el aumento del precio de la barra y su precio en 1980 es de $\frac{35¢}{25¢}$, la cual se puede reducir a $\frac{7}{5}$, o bien, 7 a 5.

3. La relación es $\frac{\text{zapatillas de \$70}}{\text{zapatos de \$84}}$, la cual se simplifica a $\frac{5}{6}$, o bien, 5 a 6.

4. Primero cambia las libras a onzas.

   605 libras × 16 onzas por libra = 9.680 onzas.

   La relación es $\frac{2 \text{ oz}}{9.680 \text{ oz}}$, la cual se reduce a $\frac{1}{4.840}$, o bien, 1 a 4.840.

   (También podrías cambiar 2 onzas a libras. Sin embargo, esto te daría un decimal o una fracción en el numerador de la relación, haciendo más difícil su reducción. La relación simplificada sería 1 a 4.840 de todos modos).

5. La relación entre el número de hamburguesas vendidas entre las 12:30 PM–1:00 PM y

la 1:00 PM–1:30 PM es $\dfrac{75 \text{ hamburguesas}}{100 \text{ hamburguesas}}$, la cual se reduce a $\dfrac{3}{4}$, es decir, 3 a 4.

6. a. Primero cambia de dólares a centavos el valor de un pedazo de pizza.

$1,25 = $1,25 × 100 centavos por dólar = 125¢

La relación entre el precio de un pedazo de pizza y el precio de un vaso de helado es $\dfrac{125¢}{45¢}$, la cual se reduce a $\dfrac{25}{9}$, o bien, 25 a 9.

b. Encuentra el costo total de una soda y de un vaso de helado.
80¢ + 45¢ = 125¢
La relación entre el precio de un pedazo de pizza y el precio total de una soda y un vaso de helado es $\dfrac{125¢}{125¢}$, la cual se reduce a $\dfrac{1}{1}$, o bien, 1 a 1.

7. Encuentra primero el total del número de horas necesarias para completar tanto el curso veraniego como el invernal.

Curso de verano: 5 días por semana × 2 semanas = 10 días
10 días × 5 horas por día = 50 horas

Curso de invierno: 1 día por semana × 10 semanas = 10 días
10 días × 2 horas por día = 20 horas

La relación entre el total de horas del curso veraniego y el total de horas del curso invernal es $\dfrac{50 \text{ h}}{20 \text{ h}}$, la cual se reduce a $\dfrac{5}{2}$, o bien, 5 a 2.

Rascacabezas 12, página 119

1. Primero, encuentra el total de horas trabajadas por Alina la semana pasada. Hay cuatro días de lunes a jueves. Alina trabajó 7 horas cada uno de esos días. Además, trabajó 8 horas el sábado.

Lunes a jueves: 4 días × 7 horas por día = 28 horas
Sábado: 1 día × 8 horas por día = 8 horas
Total de horas: 28 + 8 = 36 horas.

Alina ganó un total de $333 por 36 horas de trabajo.

Su sueldo por hora es $\dfrac{\$333}{36 \text{ horas}} = \$9{,}25.$

2. Encuentra primero el precio de unidad en cada mercado.

   Compramucho: $\dfrac{\$2{,}37}{3 \text{ lb}} = \$0{,}79$ por libra

   Gran Cosecha: $\dfrac{\$1{,}70}{2 \text{ lb}} = \$0{,}85$ por libra

   Como $0,79 es menos que $0,85, Compramucho ofrece el precio más bajo.

3. Forma la fracción con el número total de millas recorridas en el numerador y el total de horas manejando en el denominador.

$$\dfrac{510 \text{ mi}}{8{,}5 \text{ h}} = 60{,}0 \text{ millas por hora}$$

4. Forma la fracción con el costo total en el numerador y el número de comensales en el denominador.

$$\dfrac{\$21.000}{3 \text{ personas}} = \$7.000 \text{ por persona (¡Huy!)}$$

5. Primero encuentra el costo de unidad de cada opción ofrecida por Mr. Cepillo.

   Librito con 6 cupones para lavados: $\dfrac{\$33{,}00}{6 \text{ lavados}} = \$5{,}50$ por lavado de auto

   Dos lavados por $11,50: $\dfrac{\$11{,}50}{2 \text{ lavados}} = \$5{,}75$ por lavado de auto

   Un lavado: $5,95 por lavado de auto

   Como $5,50 < $5,75 < $5,95, el librito de cupones ofrece el precio más bajo para lavar autos.

6. Primero encuentra el número total de dulces de limón horneados por Linda.

   3 bandejas × 24 dulces por bandeja = 72 dulces

   Forma la fracción con el número total de dulces en el numerador y el número de oficinistas en el denominador.

   $\dfrac{72 \text{ dulces}}{36 \text{ personas}}$, o bien, 3 dulces por persona

7. Forma la fracción con el número de libros leídos en el numerador y el número de semanas en el denominador.

$$\frac{243 \text{ libros}}{4{,}5 \text{ semanas}} = 54 \text{ libros por semana}$$

8. Como el problema pide la cantidad de libros por pie, cambia 42 pulgadas a su correspondiente número en pies.

$$\frac{42 \text{ pulgadas}}{12 \text{ pulgadas por pie}} = 3{,}5 \text{ pies}$$

Forma la fracción con el número de libros en el numerador y el largo de los libros juntos en el denominador.

$$\frac{28 \text{ libros}}{3{,}5 \text{ pies}} = 8 \text{ libros por pie}$$

9. Primero encuentra la razón de millas por minuto cuando corre.

$$\frac{1{,}5 \text{ millas}}{15 \text{ minutos}} = 0{,}1 \text{ de milla por minuto}$$

Ahora encuentra la razón de millas por hora cuando corre.

0,1 de milla por minuto × 60 minutos por hora = 6 millas por hora

Encuentra la razón de millas por minuto cuando camina.

$$\frac{2 \text{ millas}}{30 \text{ minutos}} = \frac{1}{15} \text{ de milla por minuto}$$

Ahora encuentra la razón de millas por hora cuando camina.

$\frac{1}{15}$ de milla por minuto × 60 minutos por hora = 4 millas por hora

(Nota que la razón de $\frac{1}{15}$ de milla por minuto no se convirtió a su forma de decimal repetido 0,0666.... En este caso es más fácil trabajar con la fracción que con un decimal que se repite).

10. Forma la fracción con el impuesto en el numerador y el costo de la cena en el denominador.

$$\frac{\$0{,}84}{\$14} = \$0{,}06 \text{ por dólar, o bien, 6¢ por dólar.}$$

Rascacabezas 13, página 128

1. Como la razón es la misma para $\frac{3}{4}$ de la carrera como para toda la carrera, escribe una proporción. Usa t para representar el tiempo, en minutos, necesario para correr toda la carrera.

$$\frac{\frac{3}{4}\text{ de la carrera}}{18 \text{ minutos}} = \frac{1 \text{ carrera completa}}{t \text{ minutos}}$$

Reescribe $\frac{3}{4}$ como el decimal 0,75 y multiplica en cruzado. (La proporción también puede resolverse con la fracción en la primera razón).

$$0,75 \times t = 18 \text{ minutos}$$

Divide ambos lados de la ecuación por 0,75.

$$t = 18 \div 0,75 = 24 \text{ minutos}$$

Escribe una N sobre la línea de 24.

2. Escribe una proporción. Usa m para representar el número de millas que la bañera puede ser empujada en 6 horas.

$$\frac{320 \text{ millas}}{24 \text{ horas}} = \frac{m \text{ millas}}{6 \text{ horas}}$$

Multiplica en cruzado:

$$320 \text{ millas} \times 6 \text{ horas} = 24 \text{ horas} \times m \text{ millas}$$

Divide ambos lados de la ecuación por 24.

$$m = (320 \times 6) \div 24 = 1920 \div 24 = 80 \text{ millas en seis horas}$$

Escribe una R sobre la línea de 80.

3. Como los precios de unidad en Salvaplata y Muybarato son iguales, escribe una proporción. Usa l para representar el peso en libras de una bolsa de naranjas en Muybarato.

$$\frac{\$1,29}{3 \text{ lb}} = \frac{\$2,15}{l \text{ libras}}$$

Multiplica en cruzado.

$$\$1{,}29 \times l \text{ libras} = 3 \text{ libras} \times \$2{,}15$$

Divide ambos lados de la ecuación por 1,29.

$$l = (3 \times 2{,}15) \div 1{,}29 = 6{,}45 \div 1{,}29 = 5 \text{ libras}$$

Escribe una P sobre la línea de 5.

4. Escribe una proporción. Usa v para representar el número de veraneantes si hay 36 consejeros.

$$\frac{3 \text{ consejeros}}{20 \text{ veraneantes}} = \frac{36 \text{ consejeros}}{v \text{ veraneantes}}$$

Multiplica en cruzado.

$$3 \times v = 20 \times 36$$

Divide ambos lados de la ecuación por 3.

$$v = (20 \times 36) \div 3 = 720 \div 3 = 240 \text{ veraneantes}$$

Escribe una C sobre la línea de 240.

5. Escribe una proporción. Usa m para representar el número de millas si la distancia en el mapa es de 3 pulgadas.

$$\frac{2 \text{ pulgadas}}{35 \text{ millas}} = \frac{3 \text{ pulgadas}}{m \text{ millas}}$$

Multiplica en cruzado.

$$2 \times m = 35 \times 3$$

Divide ambos lados de la ecuación por 2.

$$m = (35 \times 3) \div 2 = 105 \div 2 = 52{,}5 \text{ millas}$$

Escribe una I sobre la línea de 52,5.

6. Escribe una proporción. Usa p para representar el número de pulgadas cuando la distancia real es de $81\frac{1}{4}$ millas.

$$\frac{3 \text{ pulgadas}}{25 \text{ millas}} = \frac{p \text{ pulgadas}}{81\frac{1}{4} \text{ millas}}$$

Escribe $81\frac{1}{4}$ como el decimal 81,25.

$$\frac{3 \text{ pulgadas}}{25 \text{ millas}} = \frac{p \text{ pulgadas}}{81,25 \text{ millas}}$$

Multiplica en cruzado.

$$3 \times 81,25 = 25 \times p$$

Divide ambos lados de la ecuación por 25.

$$p = (3 \times 81,25) \div 25 = 9,75 \text{ pulgadas}$$

Escribe una L sobre la línea de 9,75.

7. Escribe una proporción. Usa a para representar el alto, en pulgadas, de la fotografía ampliada.

$$\frac{3\frac{1}{2} \text{ pulgadas de alto}}{5 \text{ pulgadas de ancho}} = \frac{a \text{ pulgadas de alto}}{12\frac{1}{2} \text{ pulgadas de ancho}}$$

Escribe $3\frac{1}{2}$ y $12\frac{1}{2}$ como los decimales 3,5 y 12,5.

$$\frac{3,5 \text{ pulgadas de alto}}{5 \text{ pulgadas de ancho}} = \frac{a \text{ pulgadas de alto}}{12,5 \text{ pulgadas de ancho}}$$

Multiplica en cruzado.

$$3,5 \times 12,5 = 5 \times a$$

Divide ambos lados de la ecuación por 5.

$$a = (3,5 \times 12,5) \div 5 = 8,75 \text{ pulgadas de alto.}$$

Escribe una T sobre la línea de 8,75.

8. Se te pide que compares estudiantes que estudian sólo español con el número total de estudiantes. Se te da la razón entre los estudiantes que estudian francés y los estudiantes que estudian español. En la razón 2 : 3, el 3 representa a los estudiantes que estudian español. Debes encontrar la razón

entre los estudiantes que estudian español con el número total de estudiantes. Suma los números en la razón, $2 + 3 = 5$, para encontrar la parte proporcional del todo representado por los estudiantes que estudian español. El resultado es una razón de 3 estudiantes que estudian español por cada 5 estudiantes. Escribe la proporción. La letra e representará al número de estudiantes que estudian español.

$$\frac{3 \text{ de español}}{5 \text{ de español o francés}} = \frac{e \text{ de español}}{150 \text{ de español o francés}}$$

Multiplica en cruzado.

$$3 \times 150 = 5 \times e$$

Divide ambos lados de la ecuación por 5.

$e = 450 \div 5 = 90$ estudiantes que estudian español.

Escribe una R sobre la línea de 90.

9. Escribe una proporción. Usa g para representar el número de golpes esperados si José va a batear 100 veces.

$$\frac{24 \text{ golpes}}{60 \text{ veces al bate}} = \frac{g \text{ golpes}}{100 \text{ veces al bate}}$$

Multiplica en cruzado.

$$24 \times 100 = 60 \times g$$

Divide ambos lados de la ecuación por 60.

$g = 2400 \div 60 = 40$ golpes con 100 intentos.

Escribe una E sobre la línea de 40.

10. La razón entre niños y niñas es $4 : 5$. La razón entre los niños y el total de ambos sexos es $4 : (4 + 5) = 4 : 9$.
Escribe una proporción. Usa n para representar el número de niños en la liga de tenis si hay 63 personas en total.

$$\frac{4 \text{ niños}}{9 \text{ personas}} = \frac{n \text{ niños}}{63 \text{ personas}}$$

Multiplica en cruzado.

$$4 \times 63 = 9 \times n$$

Divide ambos lados de la ecuación por 9.

$$n = 252 \div 9 = 28 \text{ niños en la liga de tenis.}$$

Escribe una O sobre la línea de 28.

11. Escribe una proporción. Una p representará el número de palabras que la mujer puede escribir en siete minutos.

$$\frac{216 \text{ palabras}}{1 \text{ minuto}} = \frac{p \text{ palabras}}{7 \text{ minutos}}$$

Multiplica en cruzado.

$$216 \times 7 = 1 \times p$$

$$p = 1.512 \text{ palabras escritas en siete minutos.}$$

Escribe una A sobre la línea de 1.512.

12. Escribe una proporción. Emplea a para representar el ancho, en pulgadas, del cuadro reducido.

$$\frac{8\frac{1}{2} \text{ pulgadas de alto}}{11 \text{ pulgadas de ancho}} = \frac{6\frac{4}{5} \text{ pulgadas de alto}}{a \text{ pulgadas de ancho}}$$

Escribe $8\frac{1}{2}$ y $6\frac{4}{5}$ como los decimales 8,5 y 6,8.

$$\frac{8,5 \text{ pulgadas de alto}}{11 \text{ pulgadas de ancho}} = \frac{6,8 \text{ pulgadas de alto}}{a \text{ pulgadas de ancho}}$$

Multiplica en cruzado.

$$8,5 \times a = 11 \times 6,8$$

Divide ambos lados de la ecuación por 8,5.

$$a = (11 \times 6,8) \div 8,5 = 74,8 \div 8,5 = 8,8 \text{ pulgadas de ancho}$$

Escribe una E sobre la línea de 8,8.

13. Determina primero cuánto fue el impuesto al CD de $12. Para eso, resta $12,00 a $12,60. El impuesto fue de $0,60. Escribe una proporción. La letra i representará el impuesto al CD de $20.

$$\frac{\$0{,}60 \text{ de impuesto}}{\text{compra de }\$12} = \frac{i \text{ de impuesto}}{\text{compra de }\$20}$$

Multiplica en cruzado.

$$0{,}60 \times 20 = 12 \times i$$

Divide ambos lados de la ecuación por 12.

$i = (0{,}60 \times 20) \div 12 = 12 \div 12 = \$1{,}00$ de impuesto a un CD de $20.

Escribe una E sobre la línea de 1,00.

14. Encuentra primero la razón entre empanadas y la combinación de panes con empanadas. La razón entre panes y empanadas es de $5:2$. La razón entre empanadas y panes es de $2:5$. Por lo tanto, la razón entre empanadas y la combinación de panes con empanadas es $2:(2+5)=2:7$. Escribe una proporción. Usa c para representar el número combinado de panes y empanadas vendidos al tiempo de venderse 120 empanadas.

$$\frac{2 \text{ empanadas}}{7 \text{ panes y empanadas}} = \frac{120 \text{ empanadas}}{c \text{ panes y empanadas}}$$

Multiplica en cruzado.

$$2 \times c = 7 \times 120$$

Divide cada lado de la ecuación por 2.

$c = (7 \times 120) \div 2 = 420$ panes y empanadas vendidos.

Escribe una S sobre la línea de 420.

15. Determina primero cuál es el impuesto por la compra de un teléfono de $48. Cambia las cantidades en dólares a centavos. Escribe una proporción. Emplea i para representar el monto del impuesto por la compra del teléfono.

$$\frac{8\frac{1}{4}\cent}{100\cent} = \frac{i\cent}{4800\cent}$$

Multiplica en cruzado.

$$8\frac{1}{4} \times 4800 = 100 \times i$$
$$39.600 = 100 \times i$$

Divide ambos lados de la ecuación por 100.

$i = 396¢ = \$3,96$ de impuesto por la compra de un teléfono de \$48¢.

Ahora encuentra el costo total.

$\$48,00 + \$3,96 = \$51,96$ es el costo combinado del teléfono y su impuesto.

Escribe una S sobre la línea de 51,96.

Código de respuestas

P	E	R	R	O	S
5	8,8	80	90	28	420

C	A	L	I	E	N	T	E	S
240	1.512	9,75	52,5	1,00	24	8,75	40	51,96

Los norteamericanos nunca, nunca comerán perros calientes.

CAPÍTULO CINCO

Pintorescos porcentajes

Hemos aprendido sobre razones
y también decimales y fracciones.
Veremos ahora los porcentajes
y sus interesantes soluciones.

PROBLEMAS VERBALES CON PORCENTAJES

Para resolver problemas verbales con porcentajes deberás, una vez más, emplear los cuatro pasos de Polya. Nunca olvides que antes de planear una estrategia debes comprender el problema. Y para comprender un problema con porcentajes debes primero leer el problema con mucho cuidado. Luego tienes que hacerte las preguntas de siempre: ¿De qué trata el problema? ¿Qué es lo que debes encontrar? ¿Hay suficiente información?

También deberás planear una estrategia, llevar a cabo tu plan y verificar tu respuesta.

NOTA MATEMÁTICA

Un *porcentaje* es una razón que compara un número a 100. *Por* significa *de* y *centaje* implica *un ciento*. De este modo, 15% significa 15 de 100, 2% significa 2 de 100, etc.

Los porcentajes se emplean en deportes, ventas, en restaurantes, bancos y todo tipo de empresas. Los porcentajes también se usan para comparar números que no corresponden a 100. Veamos ahora cómo encontrar a este nuevo amigo, el porcentaje.

Sugestiones para encontrar porcentajes

Una manera de encontrar un porcentaje es la de usar una proporción.

¿Qué porcentaje de 120 es 24?

Formemos primero una razón. El total o el todo es el denominador de la razón; en este caso, 120. El numerador es la parte, o porción, del total. En este caso el numerador es 24, de modo que la razón es $\frac{24}{120}$. Formemos ahora una razón con un denominador de 100 (100 es el todo) y un símbolo en el numerador para representar un porcentaje desconocido: $\frac{p}{100}$.

Formemos una proporción.

$$\frac{24}{120} = \frac{p}{100}$$

Multiplica en cruzado:

$$2400 = 120 \times p$$

Divide ambos lados de la ecuación por 120.

$$2400 \div 120 = p$$

$$20 = p$$

$$p = 20$$

Esto significa que 24 de 120 es lo mismo que 20 de 100, es decir, 20%.

Otro modo de encontrar un pocentaje requiere dividir.

Para encontrar qué porcentaje de 120 es 24, forma de nuevo la razón entre la porción y el total: $\frac{24}{120}$.

Divide el numerador por el denominador para encontrar el valor decimal correspondiente.

$$24 \div 120 = 0{,}20$$

Multiplica el cociente decimal por 100.

$$0{,}2 \times 100 = 20$$

Pon un signo porcentual (%) en el producto.

24 es el 20% de 120.

Muchas personas que emplean calculadoras prefieren obtener porcentajes de este modo ya que así pueden realizar largas divisiones muy fácilmente. Lápiz y papel pueden emplearse en ambas maneras.

EJEMPLO:

En una encuesta escolar, se encontró que 240 de 600 estudiantes caminan para llegar a la escuela. ¿Cuál es el porcentaje de los estudiantes que caminan?

NOTA MATEMÁTICA

La palabra *de* aparece con frecuencia en problemas porcentuales. El número que sigue a la palabra *de* representa el total y es el denominador de la razón. En el ejemplo recién visto, *de estudiantes* significa del total de los 600 estudiantes. Así, 600 será el denominador.

Paso 2: Planea una estrategia.

Forma primero la razón entre el número de estudiantes que caminan a la escuela y el número total de estudiantes (la parte del todo). Forma entonces una razón con un denominador de 100 (el todo) y un numerador con un símbolo que represente el porcentaje desconocido.

Forma y resuelve una proporción.

Paso 3: Realiza el plan.

Asegúrate de poner los números en la parte correcta de la razón. En este caso, una razón es $\frac{240}{600}$, la cual se reduce a $\frac{2}{5}$, y la otra razón es $\frac{p}{100}$.

Escribe y resuelve una proporción.

$$\frac{2}{5} = \frac{p}{100}$$

$$2 \times 100 = 5 \times p$$

$$p = 40$$

40 de 100 estudiantes caminan a la escuela, es decir, 40% de los estudiantes caminan a la escuela.

Paso 4: Verifica tu trabajo.

Asegúrate de tener los números en las razones en el orden correcto y de haber reducido la razón correctamente. Substituye p por 40 y multiplica en cruzado para asegurarte de que tu proporción es correcta.

$$\frac{2}{5} \stackrel{?}{\frac{?}{?}} \frac{40}{100}$$

$$2 \times 100 = 5 \times 40$$

$$200 = 200 \quad \checkmark$$

EJEMPLO:

Hay 650 músculos en el cuerpo humano. Se requiere activar 17 músculos para poder sonreír. Redondeado al porcentaje más próximo, ¿qué porcentaje de todos tus músculos se necesita para sonreír?

Paso 2: Planea una estrategia.

Usa el método de la división.

Primero forma la razón entre el número de músculos necesarios para sonreír y el número total de músculos (la parte del todo).

Divide y convierte el decimal resultante a un porcentaje.

Paso 3: Realiza el plan.

Ten cuidado de poner los números en la parte correcta de la razón. En este caso, la razón entre los músculos para sonreír y el total de los músculos es $\frac{17}{650}$.

Divide 17 por 650.

$$17 \div 650 = 0,0261..., \text{ o unos } 0,026$$

Multiplica el decimal por 100.

$$0,026 \times 100 = 2,6$$

2,6% se redondea a 3%.

Aproximadamente un 3% de los músculos en el cuerpo humano están hechos para sonreír.

Paso 4: Verifica tu trabajo.

Mira primero si tienes los números en el orden correcto en la razón.

Luego verifica tu división y multiplicación.

CAMBIOS PORCENTUALES: AUMENTOS O DISMINUCIONES

Cuando hay un cambio en una cantidad, con frecuencia nos interesamos en el *cambio del porcentaje*.

Este cambio puede ser un aumento o una disminución en la cantidad.

Sugestiones para encontrar el porcentaje del aumento o la disminución

¿Cuál es el aumento porcentual de 16 a 28?

Primero resta, para encontrar el monto del aumento.

$$28 - 16 = 12$$

Ahora forma la razón entre el aumento y la cantidad original. La cantidad original es la cantidad antes del cambio.

$$\frac{\text{aumento}}{\text{cantidad original}} = \frac{12}{16}$$

Divide.

$$12 \div 16 = 0{,}75$$

Escribe el decimal como un porcentaje.

$$0{,}75 \times 100 = 75, \text{ así, } 0{,}75 = 75\%.$$

Hay un aumento del 75% entre 16 y 28.
También puedes usar una proporción para encontrar el porcentaje.

$$\frac{12}{16} = \frac{p}{100}$$

$$1200 = 16 \times p$$

$$p = 75$$

Así, $\frac{12}{16} = 75\%$.

Encuentra la disminución porcentual de 80 a 64.
Primero resta, para encontrar el monto de la disminución.

$$80 - 64 = 16$$

Ahora forma una razón entre la disminución y la cantidad original. La cantidad original es la cantidad antes del cambio.

$$\frac{\text{disminución}}{\text{cantidad original}} = \frac{16}{80}$$

Divide.

$$16 \div 80 = 0{,}2$$

Escribe el decimal como un porcentaje.

$$0,2 \times 100 = 20, \text{ así, } 0,2 = 20\%$$

Hay una disminución del 20% entre 80 y 64.

EJEMPLO:

Un par de zapatos cuesta $60 pero está en oferta por $42.
Encuentra el porcentaje de la rebaja.

Paso 2: Planea una estrategia.

Encuentra primero la disminución del precio. Luego encuentra la razón entre la disminución del precio y el precio original.
Cambia la razón a un porcentaje.

Paso 3: Realiza el plan.

Encuentra la disminución en el precio.

$$\$60 - \$42 = \$18$$

Forma la razón entre la disminución del precio y el precio original.

$$\frac{\text{disminución del precio}}{\text{precio original}} = \frac{18}{60}$$

Cambia la razón a un porcentaje mediante la división, multiplicación por 100 y adición de un símbolo porcentual.

$$18 \div 60 = 0,3 = 30\%$$

Hay una disminución (rebaja) del 30% en el precio de los zapatos.

Paso 4: Verifica tu trabajo.
Trabaja al revés.
Verifica tu división mediante la multiplicación.

$0,3 \times \$60 = \$18$ de rebaja en un par de zapatos. ✓

Verifica tu resta mediante la suma.

$\$18 + \$42 = \$60$, el precio original de los zapatos. ✓

Peligro—¡Errores Terribles!

¡Cuidado! Cuando formes una razón para encontrar el aumento o disminución porcentual, asegúrate de usar el *cambio* en la cantidad. En el ejemplo recién visto, no se te ocurra usar 42 en el numerador para formar la razón $\frac{42}{60}$. Eso te daría un resultado de 70%, es decir el porcentaje que describe la razón entre el precio de venta y el precio original de los zapatos. El valor $42 representa la cantidad que fue *pagada*. El problema te pregunta cuál es el porcentaje de la rebaja, es decir, la cantidad que fue *ahorrada*.

NOTA MATEMÁTICA

Los cambios porcentuales pueden ser mayores de 100. Esto ocurre cuando el monto del cambio es mayor que la cantidad inicial, es decir, cuando el número final es más del doble del número inicial. Una razón en la cual el numerador es mayor que el denominador será igual a un porcentaje que es mayor al 100%.

EJEMPLO:

El año pasado, Clara invitó a 10 niños a su fiesta de cumpleaños. Este año, Clara invitó a 35 niños. ¿Cuál es el aumento porcentual entre el número de invitados el año pasado y el número de invitados este año?

Paso 2: Planea una estrategia.

Primero encuentra el aumento de invitados que hubo entre los dos años. Luego encuentra la razón entre ese aumento y el número de niños invitados el año pasado. Cambia la razón a un porcentaje.

Paso 3: Realiza el plan.

Encuentra el aumento en el número de niños invitados.

$$35 - 10 = 25$$

Forma la razón entre el aumento de los invitados y el número de los invitados el año pasado.

$$\frac{\text{aumento}}{\text{número del año pasado}} = \frac{25}{10}$$

Cambia la razón a un porcentaje mediante la división, multiplicación por 100 y la adición de un signo porcentual.

$$25 \div 10 = 2{,}5 = 250\%$$

Hubo un aumento del 250% entre el número de niños invitados el año pasado y el número de niños invitados este año. (Recuerda que también puedes emplear una proporción para encontrar el porcentaje).

Paso 4: Verifica tu trabajo.
Trabaja al revés.
Verifica tu división mediante la multiplicación.

$2{,}5 \times 10 = 25$ niños más fueron invitados este año que el pasado. ✓

Verifica tu resta mediante la suma.

$25 + 10 = 35$, el número de niños invitados este año. ✓

La rebaja o la disminución porcentuales y el alza o el aumento porcentuales se emplean en el comercio, en compras, en estudios de la población y en muchísimos otros casos.

RASCACABEZAS 14

En cada uno de los problemas siguientes debe determinarse el porcentaje y el cambio porcentual. Lee los problemas con cuidado, planea una estrategia, realiza el plan y verifica tu trabajo.

1. De 136 personas que visitaron una galería de arte, 17 compraron cuadros. ¿Cuál fue el porcentaje de visitantes que compraron cuadros?

2. El estado de Massachusetts exige un impuesto de $0,60 por una compra de $12. Encuentra el porcentaje del impuesto.

3. Hay 206 huesos en el cuerpo humano. Hay 33 huesos en la columna vertebral. Redondeado al porcentaje más próximo, ¿que porcentaje de huesos se encuentra en la columna vertebral?

4. Entre 1924 y 1998, Estados Unidos ganó un total de 161 medallas en las olimpíadas de invierno. Si estas medallas incluyeron 59 medallas de plata y 42 medallas de bronce, ¿qué porcentaje de sus medallas fueron de oro?

5. Un equipo estéreo se vende normalmente por $240, pero ahora está en oferta por $192. El precio final, incluyéndose el impuesto, es de $203,52.

   a. ¿Cuál es el porcentaje de la rebaja?

   b. ¿Cuál es el porcentaje del impuesto?

6. **Datos Sobre Nutrición de McDonald's**

Artículo	Calorías	Gramos de grasa (1 g de grasa = 9 calorías)
Hamburguesa	260	9
Hamburguesa/queso	320	13
Gran Mac	560	31

    a. Por cada artículo, ¿qué porcentaje de sus calorías son calorías de grasa? (Redondea al porcentaje más próximo).

    b. Ordena los artículos del mayor porcentaje de grasa al menor.

7.

Inscripción para el Equipo de Fútbol

Año	Niños	Niñas
1998	120	80
2000	100	120

    a. En 1998, ¿qué porcentaje de los inscritos eran niños?

    b. Encuentra el aumento porcentual en el número de niñas inscritas entre 1988 y 2000.

8.

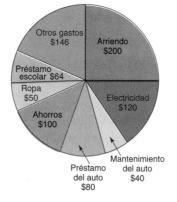

Presupuesto Semanal de Carolina

    a. ¿Qué porcentaje del presupuesto semanal total de Carolina corresponde al pago de la electricidad?

    b. ¿Qué parte del presupuesto de Carolina representa el 8% de su salario semanal total?

    c. ¿Qué parte del gráfico corresponde al 25% del presupuesto de Carolina?

(Las respuestas están en la página 168).

CÓMO ENCONTRAR EL TODO O LA PARTE CUANDO SE CONOCE EL PORCENTAJE

¿El empleo de razones y proporciones
para resolver porcentajes está entendido?
Ahora buscaremos el todo o la parte
Cuando el porcentaje es conocido.

Hay dos maneras de resolver un problema porcentual cuando se desconoce la parte o el todo. Aprende ambas maneras y luego elige la que te parezca ideal para resolver el problema que tengas en ese momento. A continuación tienes un problema que es resuelto de ambas maneras.

¿Qué número es el 35% de 7?

Plan 1

1. Forma una razón con el total (todo) en el denominador y la parte desconocida en el numerador. En este caso, el todo es 7.

$$\frac{x}{7} \quad (x \text{ representa la parte del todo}).$$

2. Forma una razón con el porcentaje conocido en el numerador y 100 en el denominador.

$$\frac{35}{100}$$

3. Forma una proporción y resuélvela.

$$\frac{x}{7} = \frac{35}{100}$$

$$x \times 100 = 7 \times 35$$

$$x \times 100 = 245$$

$$x = 245 \div 100$$

$$x = 2,45$$

35% de 7 es 2,45.

Plan 2

1. En vez de una proporción, usa la ecuación Parte = Porcentaje × Todo.

$$\text{Parte} = 35\% \times 7$$

2. Cambia el porcentaje a una razón. (Recuerda que un porcentaje es una razón que compara un número con 100).

$$35\% = \frac{35}{100}$$

3. Divide para cambiar la razón a un decimal.

$$35 \div 100 = 0{,}35$$

4. Multiplica el decimal por el total (todo).

$$0{,}35 \times 7 = 2{,}45$$

35% de 7 es 2,45.

NOTA MATEMÁTICA

Siempre debes cambiar un porcentaje a un decimal o una fracción antes de realizar un cálculo: $35\% \times 7$ no es 35×7, sino $0{,}35 \times 7$.

Sea cual sea el plan que elijas, la obtención de porcentajes será indolora. ¡No hay manera de perder!

EJEMPLO:

Un plátano contiene aproximadamente 76% de agua. ¿Cuántas onzas de agua hay en un plátano que pesa 3 onzas?

Paso 2: Planea una estrategia.
Emplea el Plan 2:
Parte = Porcentaje × Todo.
Cambia el porcentaje a un decimal.

Paso 3: Realiza el plan.
Parte $= 76\% \times 3 = 0{,}76 \times 3 = 2{,}28$
Unas 2,28 onzas en un plátano de 3 onzas son agua.

Paso 4: Verifica tu trabajo.
Encuentra qué porcentaje de 3 es 2,28.
Forma la razón $\dfrac{2{,}28}{3}$.

Divide para encontrar el decimal: $2,28 \div 3 = 0,76$.

Cambia el decimal a un porcentaje: $0,76 = 76\%$.

76% del peso de un plátano es agua. ✓

EJEMPLO:

La compañía M&M/Mars sostiene que cerca del 30% de los caramelos en una bolsa de una libra son marrones. Si una bolsa tiene 150 caramelos marrones, ¿cuál será el total de caramelos en la bolsa?

Paso 2: Planea una estrategia.

Usa el Plan 2: Parte = Porcentaje × Todo.

Cambia el porcentaje a un decimal.

Encuentra el todo.

Paso 3: Realiza el plan.

$$150 \text{ caramelos marrones} = 30\% \times t$$

$$150 = 0,30 \times t$$

(t representa el número total de caramelos en una bolsa de una libra).

Divide ambos lados de la ecuación por 0,30.

$$t = 500$$

Hay unos 500 caramelos en una bolsa de un libra de caramelos M&M.

Paso 4: Verifica tu trabajo.

Encuentra el 30% de 500. Ese es el número de caramelos marrones.

$30\% \times 500 = 0,30 \times 500 = 150$ caramelos marrones en la bolsa. ✓

También puedes verificar empleando el Plan 1.

Forma una razón con el número de caramelos marrones en el numerador y el total desconocido en el denominador: $\frac{150}{t}$.

Forma una razón con el porcentaje en el numerador y 100 en el denominador: $\frac{30}{100}$.

Escribe una proporción y multiplica en cruzado para ver el valor de t.

$$\frac{150}{t} = \frac{30}{100}$$

$$150 \times 100 = 30 \times t$$

$$15.000 = 30 \times t$$

$$15.000 \div 30 = t$$

$t = 500$ caramelos en una bolsa de una libra. ✓

La respuesta es la misma con los dos tipos de planes.

NOTA MATEMÁTICA

Cuando uses el Plan 2, debes multiplicar cuando busques la parte (Parte = Porcentaje × Todo) y dividir cuando busques el todo (Todo = Parte ÷ Porcentaje).

Además, el porcentaje debe ser escrito en forma de decimal o de fracción antes de realizarse cálculo alguno.

EJEMPLO:

Un radio está en oferta con un descuento del $12\frac{1}{2}\%$ de su precio regular de $240. Encuentra el precio de oferta del radio.

NOTA MATEMÁTICA

¡Los porcentajes que contienen fracciones pueden ser engañosos! Pero con un poquito de paciencia verás que son indoloros. Escribe la fracción en el porcentaje como un decimal. Es decir, $12\frac{1}{2} = 12,5$. Ahora $12\frac{1}{2}\% = 12,5\%$. Para cambiar 12,5% a un número decimal, salta dos espacios a la izquierda de la coma decimal en el porcentaje para así colocar la coma decimal en la forma decimal del porcentaje: $12\frac{1}{2}\% = 12,5\% = 0,125$.

Ten cuidado: $\frac{1}{2}\% = 0,5\% = 0,005$ (y no 0,5).

Paso 2: Planea una estrategia.

Emplea el Plan 2, Parte = Porcentaje × Todo, para encontrar la cantidad de dinero que se ahorra.
Cambia el porcentaje a un decimal.
Para encontrar el precio de oferta, resta la cantidad ahorrada al precio regular.

Paso 3: Realiza el plan.

$a = 12\frac{1}{2}\% \times \$240$, donde a representa la cantidad que se ha ahorrado.

$a = 0{,}125 \times \$240 = \$30$ ahorrados

Resta la cantidad ahorrada al precio regular para encontrar el precio de oferta.
Precio de oferta = Precio Regular − Cantidad Ahorrada
= \$240 − \$30 = \$210.
El precio de oferta del radio es \$210.

Paso 4: Verifica tu respuesta.

Trabaja al revés.
Verifica tu resta mediante la suma.

\$210 + \$30 = \$240, el precio regular del radio ✓

Verifica tu multiplicación mediante la división.

\$30 ÷ \$240 = 0,125 = 12,5%, el porcentaje de descuento al precio regular, o bien,

\$30 ÷ 0,125 = \$240, el precio regular del radio. ✓

EQUIVALENCIAS ENTRE PORCENTAJES, FRACCIONES Y DECIMALES

¿Parece $12\frac{1}{2}\%$ ser un porcentaje extraño? En problemas con porcentajes, algunos de ellos aparecen con mayor frecuencia que otros. Uno de ellos es el $12\frac{1}{2}\%$. Otros son el 20%, 25%, $33\frac{1}{3}\%$ y 50%. Tratándose de estos porcentajes, el uso de sus fracciones equivalentes en vez de sus formas decimales facilita los cálculos. La tabla presentada a continuación muestra las equivalencias entre estos porcentajes y sus correspondientes fracciones y decimales.

Porcentaje	Fracción	Decimal
$12\frac{1}{2}\%$	$\frac{1}{8}$	0,125
20%	$\frac{1}{5}$	0,2
25%	$\frac{1}{4}$	0,25
$33\frac{1}{3}\%$	$\frac{1}{3}$	0,333...
50%	$\frac{1}{2}$	0,5

De este modo, el radio del ejemplo previo podría resolverse como sigue:

$a = 12\frac{1}{2}\% \times \$240$, donde a representa la cantidad ahorrada

$a = \frac{1}{8} \times \$240 = \$30$, la cantidad ahorrada

$\$240 - \$30 = \$210$, el precio de oferta

Sea una fracción o un decimal el que se usa, tu problema porcentual no debiera darte dolor alguno.

EJEMPLO:

Un candado de bicicleta está en oferta por 10% menos que su precio regular de $34,00. Encuentra el monto del descuento.

Paso 2: Planea una estrategia.
Usa el Plan 2, Parte = Porcentaje × Todo, en el que la parte es el monto del descuento.
Cambia el porcentaje a un decimal.

Paso 3: Realiza el plan.

$d = 10\% \times \$34$, donde d representa la cantidad que se ahorra.

$d = 0,10 \times \$34 = \$3,40$, la cantidad del descuento.

Paso 4: Verifica tu trabajo.

Trabaja al revés.

Verifica tu multiplicación mediante la división.

$3,40 ÷ $34 = 0,10 = 10%, el porcentaje del descuento, o bien

$3,40 ÷ 0,10 = $34, el precio regular del candado. ✓

Otros porcentajes usados con frecuencia son el 5%, 10% y 15%. Hay varias maneras de simplificar los cálculos cuando se trabaja con estos porcentajes; estas maneras se explican en las sugestiones que siguen.

Sugestión para encontrar el 10% de un número

Cuando busques el 10% de un número, mueve un lugar a la izquierda la coma decimal del número.

¿Cuál es el 10% de 34?

Mueve la coma decimal de 34 (o bien 34,) un lugar a la izquierda.

10% de 34 = 3,4

Mira de nuevo la solución de este ejemplo. Empleando la sugestión "mueve la coma decimal", $10% \times $34,00 = $3,40$. Por supuesto, la sugestión da resultado porque 10% equivale al decimal 0,1.

Sugestión para encontrar el 5% de un número

Primero encuentra el 10% de un número.
Luego encuentra la mitad de la cantidad resultante.

¿Cuál es el 5% de 56?

10% de 56 = 5,6

5,6 ÷ 2 = 2,8

2,8 es el 5% de 56.

Verifica: 5% de 56 = 0,05 × 56 = 2,8 ✓
Nota que los dos pasos requeridos en la sugestión, mover la coma decimal y dividir por dos, puede hacerse sin usar papel y lápiz.

Sugestión para encontrar el 15% de un número

Encuentra primero el 10% del número.
Luego encuentra el 5% del número.
Suma los números y tendrás el 15%.

¿Cuál es el 15% de 40?

10% de 40 = 4

5% de 40 = 4 ÷ 2 = 2

4 + 2 = 6

15% de 40 = 6

Verifica: 15% de 40 = 0,15 × 40 = 6 ✓

EJEMPLO:

Los Carreño recibieron una cuenta de $20,60 en el restaurante. Los Carreño añadieron una propina de 15%. ¿Cuánto fue la propina?

Paso 2: Planea una estrategia.
Primero encuentra el 10% de la cuenta.
Luego encuentra el 5% de la cuenta.
Finalmente, suma ambas cantidades.

Paso 3: Realiza el plan.

10% de $20,60 = $2,06

5% de $20,60 = $2,06 ÷ 2 = $1,03

Propina total = $2,06 + $1,03 = $3,09

La propina de los Carreño fue de $3,09.

Paso 4: Verifica tu trabajo.

15% de $20,60 = 0,15 × $20,60 = $3,09 ✓

Nota que una propina exacta de $15 resulta en $3,09. Mucha gente sugiere una extensión de 15% a 20% de propina para una cena, así que los Carreño seguramente redondearon su propina a $3,00 por servicio regular (cerca del 15%), $4,00 por buen servicio (cerca del 20%) o $5,00 por excelente servicio (cerca del 25%).

RASCACABEZAS 15

Soluciona los siguientes problemas verbales. Lee cada problema con cuidado, planea una estrategia, realiza el plan y verifica tu trabajo. Puedes emplear el Plan 1 o el Plan 2, las sugestiones para encontrar el 10%, 5% o el 15%, o cambiar el porcentaje a una fracción. La opción es tuya.

El cuadro con soluciones que aparece al final de estos problemas contiene las respuestas. A medida que contestas cada problema, tarja tu respuesta en el cuadro con soluciones. Usa el número que no queda tarjado para responder a la pregunta siguiente:

¿Qué porcentaje del cuerpo humano es agua?

1. En una elección escolar, el 48% de los 200 votantes votaron por Sara. ¿Cuántas personas votaron por Sara?

2. Celedonio Gutiérrez ahorró $630 para salir de viaje. Tal cantidad representa el 75% del costo total del viaje. ¿Cuánto más dinero debe Celedonio ahorrar para pagar por todo el viaje?

3. 144 alumnos que van a ir al quinto grado el próximo año representan el 45% de todos los alumnos matriculados en el quinto grado. ¿Cuál es el total de los alumnos en quinto grado?

4. Un par de zapatos que normalmente valen $84 están en oferta con un 20% de descuento. Encuentra el precio de la oferta.

5. El Paraíso del Comprador ofrece el siguiente plan de descuentos por artículos que permanecen en oferta por una semana o más.

Semana	Descuento
1	10%
2	15% del precio de la Semana 1
3	20% del precio de la Semana 2
4	25% del precio de la Semana 3
5	50% del precio de la Semana 4

¿Cuál sería el precio de un traje cuyo precio regular es de $160 y que ha estado en oferta por tres semanas?

6. Este año, 45 alumnos se matricularon para participar en el equipo de carreras de la escuela. Los 45 representaron el 150% del número de alumnos que estuvieron en el equipo el año pasado. ¿Cuál fue ese número?

7. La cuenta por una cena en el Restaurante Rioja fue de $24,00. Encuentra el monto de una propina del 15% de la cuenta.

8. Heriberto vendió el $33\frac{1}{3}$% de sus 42 boletos de lotería, Lili vendió el 25% de sus 60 boletos y Lucinda vendió el $12\frac{1}{2}$% de sus 72 boletos. ¿Cuantos boletos vendió la persona que vendió más boletos de los tres?

9. En cada venta de dulces y golosinas mensual, los estudiantes tratan de vender 10% más. Si en marzo estos estudiantes vendieron $50 de dulces y golosinas, ¿cuánto deberán vender en junio?

Usa el gráfico que aparece a continuación para responder las preguntas 10 y 11.

Presupuesto del Equipo de Béisbol Leones

10. ¿Cuánto dinero se destina para los uniformes?

11. ¿Cuánto dinero hay en el presupuesto para gastos de transporte?

12. El precio de un galón de gasolina ha aumentado en un 125% en dos años. Si el precio dos años atrás era de $0,96 por galón, ¿cuál es el precio en el presente?

Cuadro con soluciones

96	174	
320	67,20	97,92
30	3,60	15
66,55	2.000	2,16
	1.000	70

(Las respuestas están en la página 172).

EL INTERÉS EN EL INTERÉS

Los bancos usan porcentajes para determinar el interés generado por los ahorros y el interés que debe pagarse por los préstamos. Veamos ahora algunos ejemplos de cómo puede crecer el dinero en las cuentas de ahorro.

Hay dos tipos de planes de interés ofrecidos por los bancos a sus clientes: *interés simple* e *interés compuesto*.

Interés simple

En una cuenta de *interés simple,* uno recibe una cantidad fija de interés una vez al año. Si el cliente deja su dinero en la cuenta por menos de un año y luego lo retira, el banco calcula el interés por todo el año y luego entrega al cliente la fracción del interés total que le debe.

NOTA MATEMÁTICA

Muchos bancos han dejado de ofrecer interés simple. Sin embargo, muchos libros de matemática siguen mencionando problemas con interés simple pues así dan al lector la base necesaria para comprender el interés compuesto.

Por eso, es una buena idea aprender a calcular el interés simple en primer lugar.

Ahora verás la sencilla fórmula para encontrar el interés simple. El *principal* es la cantidad original en la cuenta.

Interés ganado + Principal × Tasa de Interés (% por año) × Tiempo (años)

o bien,

$$I = P \times Ta \times Ti$$

Aquí tienes un problema con interés simple de ejemplo:
En una cuenta de ahorros con $800, el interés simple anual es del 4,5%. ¿Cuál es el interés ganado después de dos años?

La cantidad original en esta cuenta, o principal, es $800. La tasa de interés, siempre expresada como un porcentaje, es del 4,5% anual. El tiempo son dos años. El interés se desconoce. Usa la fórmula $I = P \times Ta \times Ti$. En este caso, $P = \$800$, $Ta = 4,5\%$ anual, y $Ti = 2$ años.

$$I = \$800 \times 4,5\% \times 2$$

Cambia el porcentaje a un decimal: 4,5% = 0,045.
Soluciona.

$$I = \$800 \times 0,045 \times 2$$

$$I = \$72$$

El interés ganado en dos años es $72.

EJEMPLO:

Marina Mardones abrió una cuenta bancaria que ofrece una tasa de interés simple anual del 5%. Marina depositó $500 en la cuenta. Suponiendo que no irá a depositar más dinero en esa cuenta, ¿cuánto dinero tendrá en la cuenta al cabo de 4 años?

Paso 2: Planea una estrategia.

Primero usa la fórmula $I = P \times Ta \times Ti$ para encontrar el interés recibido. Recuerda de cambiar el porcentaje a un decimal. Luego suma el interés al principal para encontrar la cantidad total.

Paso 3: Realiza el plan.

En este caso, P = $500, Ta = 5% anual, Ti = 4 años.

$$I = \$500 \times 0{,}05 \times 4$$

$$I = \$100$$

La cantidad total que Marina tendrá en su cuenta es
$500 + $100 = $600.

Paso 4: Verifica tu trabajo.

Vuelve al comienzo y verifica todos tus cálculos.

EJEMPLO:

Joaquín Piedras invirtió $1.000 en una cuenta del mercado de
valores que ofrece una tasa de interés simple anual del 6%. Si
después de 6 meses Joaquín retira su dinero, ¿cuánto dinero
recibirá por el interés?

Paso 2: Planea una estrategia.

Emplea la fórmula $I = P \times Ta \times Ti$ para ver cuánto interés fue pagado por el banco. Recuerda de cambiar el
porcentaje a un decimal y de cambiar los meses a una
fracción del año.

Paso 3: Realiza el plan.

En este caso, P = $1.000, Ta = 6% anual y

Ti = 6 meses. Así, $Ti = \dfrac{6}{12}$ de año = $\dfrac{1}{2}$ año.

$$I = \$1.000 \times 0.06 \times \frac{1}{2}$$

$$I = \$30$$

Joaquín recibirá $30 en interés después de seis años.

Paso 4: Verifica tu trabajo.

Vuelve al comienzo y verifica todos tus cálculos.

Peligro—¡Errores Terribles!

Como las tasas de interés generalmente se expresan como un porcentaje por año, el tiempo durante el cual se calcula el interés debe expresarse en años o en una fracción de un año. En el ejemplo recién visto, si tú usaras 6 como el tiempo, estarías diciendo que Joaquín está invirtiendo su dinero por 6 años y no por 6 meses, y tu incorrecta respuesta sería $360 de interés en vez de $30.

Interés compuesto

En una cuenta de *interés compuesto*, el interés se suma a la cuenta muchas veces por año, de modo que el interés también gana interés. Algunos bancos ofrecen interés compuesto mensualmente, otros lo ofrecen compuesto trimestralmente (cuatro veces al año) y otros ofrecen otras posibilidades. Hay muchas maneras de calcular el interés compuesto y los bancos usan sus computadoras para calcular el interés de distintos períodos anuales. Nosotros examinaremos sólo una manera de calcular el interés compuesto, la cual se basa en el uso repetido de la fórmula que ya empleamos para calcular el interés simple.

Veamos el ejemplo del problema siguiente.

Un banco ofrece una cuenta de ahorros que provee una tasa de interés del 5% compuesto mensualmente. Encuentra la cantidad de dinero que hay en esta cuenta después de dos meses si el principal fue de $1.000.

En este caso el principal es $1.000, la tasa es del 5% y el tiempo son dos meses.

Una manera de encontrar la cantidad requiere encontrar primero el interés simple correspondiente a un año. Luego se calcula la cantidad total que hay en la cuenta después de un mes. Y luego se hace el mismo cálculo para el segundo mes, pero en base al *balance* que hay después del primer mes.

Encuentra el interés simple ganado en un año.

$$I = P \times Ta \times Ti$$
$$I = \$1.000 \times 0,05 \times 1$$
$$I = \$50$$

Esto significa que después de un mes $\left(\frac{1}{12}\right.$ de un año$\left.\right)$, el interés ganado sería

$50 por año ÷ 12 meses por año ≈ $4,17.

La cantidad en la cuenta al cabo del primer mes es ahora

Cantidad = $1.000 + $4,17 = $1.004,17

Usa ahora esta cantidad como el nuevo principal para calcular el interés ganado el segundo mes. Encuentra el interés simple de este nuevo principal en un año.

$$I = P \times Ta \times Ti$$

$$I = \$1.004,17 \times 0,05 \times 1$$

$$I = \$50,21$$

Esto significa que durante el segundo mes $\left(\frac{1}{12}\right.$ de un año$\left.\right)$, el interés obtenido sería

$50,21 por año ÷ 12 meses por año ≈ $4,18

La cantidad al final del segundo mes es ahora

Cantidad = $1.004,17 + $4,18 = $1.008,35

Esta cantidad no es muy distinta de la cantidad obtenida con interés simple en dos meses ($1.008,34). Sin embargo, si el dinero se deja en una cuenta de interés compuesto mensual durante un período de tiempo largo, se logran ganancias mucho mayores que si el dinero estuviese en una cuenta de interés simple.

RASCACABEZAS 16

1. María Plata invirtió $2.000 en una cuenta bancaria que ofrecía una tasa de interés simple anual del 6%. Después de un año, ¿cuánto dinero había en su cuenta?

2. Dorián invirtió $600 por 3 meses en una cuenta que ofrecía una tasa de interés simple del 4%. ¿Cuánto dinero pudo Dorián retirar al cabo de los tres meses?

3. El Banco de Santo Doménico ofrece una tasa de interés compuesto mensualmente del 5%. El 1 de junio, Lilián depositó $500 en dicho banco. ¿Cuánto dinero había en su cuenta el 1 de agosto?

4. Después de un año, Carolina recibió $55 de interés por su inversión inicial de $1.000. ¿Qué tasa de interés simple había su banco ofrecido?

5. Penélope Libra ganó $45 en interés por una inversión de $1.500 a una tasa de interés simple anual del 6%. ¿Por cuánto tiempo estuvo invertido su dinero?

(Las respuestas están en la página 176).

RASCACABEZAS—RESPUESTAS

Rascacabezas 14, página 151

A veces puedes haber utilizado un plan distinto al usado en las respuestas que se presentan a continuación. No te preocupes por eso.

1. 136 es el total (todo) y 17 es la parte. Escribe una proporción y resuélvela.

$$\frac{17}{136} = \frac{x}{100}$$

$$17 \times 100 = 136 \times x$$

$$1.700 = 136 \times x$$

$$1.700 \div 136 = x$$

$$x = 12\frac{1}{2}\%$$

$12\frac{1}{2}\%$ de los visitantes compraron cuadros.

2. \$12 es el todo y \$0,60 es la parte. La razón es $\frac{0,60}{12}$.

Cambia la razón a un porcentaje mediante la división, la multiplicación por 100 y la adición de un signo porcentual.

$$0,60 \div 12 = 0,05 = 5\%$$

El porcentaje del impuesto en Massachusetts es del 5%.

3. 206 es el todo y 33 es la parte. Escribe una proporción y resuélvela.

$$\frac{33}{206} = \frac{x}{100}$$

$$33 \times 100 = 206 \times x$$

$$3.300 = 206 \times x$$

$$3.300 \div 206 = x$$

$$x = 16,0$$

El 16%, aproximadamente, de los huesos están en la columna vertebral.

4. Hubo un total de 161 medallas ganadas. La parte, el número de medallas de oro, se desconoce. Encuentra la parte que no es de oro mediante la suma de las medallas de plata (59) y las medallas de bronce (42): 59 + 42 = 101 medallas de plata y bronce. Resta 101 a 161 y obtienes 60 medallas de oro. Forma una razón en la cual 60 es la parte y 161 es el total.

$$\frac{60}{161} = 60 \div 161 = 0{,}37,\text{ o bien, } 37\%$$

37% de las medallas fueron de oro.

5. a. El descuento asciende a \$240 (el precio corriente) – \$192 (el precio en oferta) = \$48. Usa la razón $\dfrac{\text{descuento}}{\text{precio corriente}}$, o bien, $\dfrac{48}{240}$ para escribir una proporción y resolverla.

$$\frac{48}{240} = \frac{x}{100}$$

$$48 \times 100 = 240 \times x$$

$$4.800 = 240 \times x$$

$$4.800 \div 240 = x$$

$$x = 20$$

El porcentaje de la rebaja es del 20%.

  b. El porcentaje del impuesto es el precio de oferta restado al precio final, o \$203,52 – \$192 = \$11,52. El impuesto se calcula según el precio de oferta. Escribe una proporción y resuélvela.

$$\frac{\$11{,}52}{\$192} = \frac{x}{100}$$

$$11{,}52 \times 100 = 192 \times x$$

$$1.152 = 192 \times x$$

$$1.152 \div 192 = x$$

$$x = 6$$

El porcentaje del impuesto es del 6%.

6. a. Primero, encuentra el número de calorías de grasa que se encuentran en cada artículo mediante la multiplicación del número de gramos de grasa por 9. Luego encuentra la razón $\dfrac{\text{calorías de grasa}}{\text{total de calorías}}$ para cada artículo.

Hamburguesa: 9 gramos de grasa multiplicados por 9 calorías por gramo = 81 calorías de grasa

$$\frac{81 \text{ calorías de grasa}}{260 \text{ calorías}} = 0,31, \text{ o bien, } 31\%$$ de grasa

Hamburguesa con queso: 113 gramos de grasa multiplicados por 9 calorías por gramo = 117 calorías de grasa

$$\frac{117 \text{ calorías de grasa}}{320 \text{ calorías}} = 0,37, \text{ o bien, } 37\%$$ de grasa

Gran Mac: 31 gramos de grasa multiplicados por 9 calorías por gramo = 279 calorías de grasa

$$\frac{279 \text{ calorías de grasa}}{560 \text{ calorías}} = 0,50, \text{ o bien, } 50\%$$ de grasa

b. Del mayor porcentaje de grasa al menor, los artículos son Gran Mac (50% de grasa), hamburguesa con queso (37% de grasa) y hamburguesa (31% de grasa).

7. a. Hubo 120 niños en el equipo de fútbol en 1998. Hubo un total de 120 niños + 80 niñas = 200 personas en el equipo en 1998. La razón es de $\frac{120}{200}$.

$$120 \div 200 = 0,6 = 60\%$$

60% de las personas en el equipo de fútbol de 1998 eran niños.

b. El aumento en el número de niñas inscritas entre 1998 y 2000 fue 120 – 80 = 40 niñas. La razón es $\frac{40}{80}$.

$$40 \div 80 = 0,50 = 50\%$$

Entre 1998 y 2000, hubo un aumento del 50% en el número de niñas en el equipo de fútbol.

8. a. Primero, encuentra la cantidad total de dinero en el presupuesto semanal de Carolina. Suma todas las cantidades: $200 + $120 + $40 + $80 + $100 + $50 + $64 + $146 = $800.

Para la electricidad, la razón es $\frac{120}{800} = 0,15$, o bien, 15%.

15% del presupuesto de Carolina está destinado a pagar por la electricidad.

b. Encuentra el 8% de $800.

$$0,08 \times \$800 = \$64$$

Carolina destina $64, u 8% de su presupuesto semanal total para pagar por su préstamo escolar.

c. Encuentra el 25% de 800.

$$0,25 \times 800 = \$200$$

La parte del gráfico que corresponde al 25% de su presupuesto es el arriendo.

Rascacabezas 15, página 161

Los planes que se usan en las respuestas siguientes pueden ser distintos a los planes que tú empleaste, pero eso no importa.

1. El número total de votantes se conoce (200) y el porcentaje de los que votaron por Sara también se conoce (48%). Para encontrar el número de personas (parte) que votaron por Sara, usa la fórmula del Plan 2.

   Parte = Porcentaje × Todo = 48% × 200 = 0,48 × 200 = 96

   96 de los votantes votaron por Sara.

   TARJA EL 96 EN EL CUADRO CON SOLUCIONES

2. La parte del costo que Celedonio ahorró para el viaje se conoce ($630). El porcentaje del costo total que ha ahorrado también se conoce (75%). El total (todo) se desconoce. Escribe una proporción y resuélvela. Que t represente el costo total.

$$\frac{630}{t} = \frac{75}{100}$$

$$630 \times 100 = 75 \times t$$

$$63.000 = 75 \times t$$

$$63.000 \div 75 = t$$

$$t = \$804$$

Celedonio necesita ahorrar $804 – $630 = $174 más para su viaje.

TARJA EL 174 EN EL CUADRO CON SOLUCIONES

3. La parte de los alumnos que van a ir al quinto grado se conoce (144). El porcentaje de los estudiantes que van a ir también se conoce (45%). El número total de los alumnos en quinto grado no se conoce. Escribe una proporción y resuélvela. Que t represente el número total de alumnos de quinto grado.

$$\frac{144}{t} = \frac{45}{100}$$

$$144 \times 100 = 45 \times t$$

$$14.400 = 45 \times t$$

$$14.400 \div 45 = t$$

$$t = 320 \text{ alumnos}$$

Hay un total de 320 alumnos en quinto grado.

TARJA EL 320 EN EL CUADRO CON SOLUCIONES

4. Cambia el 20% a su equivalente fraccional de $\frac{1}{5}$. Encuentra $\frac{1}{5}$ de 84: $84 \div 5 = 16,80$. Resta el ahorro de $16,80 al precio regular de $84 para obtener el precio de oferta de $67,20.

TARJA EL 67,20 EN EL CUADRO CON SOLUCIONES

5. Para la Semana 1, si estás ahorrando 10% entonces estás pagando el 90% del precio.

90% de $160 = 0,9 \times $160 = $144,00 (precio de la Semana 1)

Para la Semana 2, estás ahorrando 15% más y por eso estás pagando el 85% del precio de la Semana 1.

85% de $144 = 0,85 \times $144 = $122,40 (precio de la Semana 2)

Para la Semana 3, estás ahorrando 20% más y por eso estás pagando el 80% del precio de la Semana 2.

80% de $122,40 = 0,8 \times $122,40 = $97,92 (precio de la Semana 3)

El precio de un traje de $160 vendido en el Paraíso del Comprador en la Semana 3 es de $97,92.

TARJA EL 97,92 EN EL CUADRO CON SOLUCIONES

6. Usa la ecuación 150% × número de alumnos en el equipo del año pasado = 45 (el número de alumnos en el equipo de este año). Que n represente el número de alumnos en el equipo del año pasado.

$$150\% \times n = 45$$

Cambia 150% a un decimal.

$$1,50 \times n = 45$$

$$n = 45 \div 1,5 = 30$$

Hubo 30 alumnos en el equipo del año pasado.

TARJA EL 30 EN EL CUADRO CON SOLUCIONES

7. El 10% de una cuenta de $24,00 es $2,40. (Recuerda que debes mover la coma decimal un lugar a la izquierda).
El 5% de una cuenta de $24,00 es $1,20. (Divide la cantidad correspondiente al 10% por 2).
El 15% de una cuenta de $24,00 es $2,40 + $1,20 = $3,60.
Una propina del 15% de la cuenta por la cena en el Restaurante Rioja es $3,60.

TARJA EL 3,60 EN EL CUADRO CON SOLUCIONES

8. Usa los equivalentes fraccionales para cada porcentaje.

$33\frac{1}{3}\% = \frac{1}{3}$; $\frac{1}{3}$ de $42 = 42 \div 3 = 14$ boletos vendidos por Heriberto

$25\% = \frac{1}{4}$; $\frac{1}{4}$ de $60 = 60 \div 4 = 15$ boletos vendidos por Lili

$12\frac{1}{2}\% = \frac{1}{8}$; $\frac{1}{8}$ de $72 = 72 \div 8 = 9$ boletos vendidos por Lucinda

La persona que vendió más boletos, es decir Lili, vendió 15 boletos.

TARJA EL 15 EN EL CUADRO CON SOLUCIONES

9. Encuentra la cantidad que los estudiantes quisieran vender durante los 3 meses próximos.
Abril: Suma el 10% de $50 a la cantidad correspondiente a marzo ($50).

$$0,1 \times \$50 = \$5; \$5 + \$50 = \$55$$

Mayo: Suma el 10% de $55 a la cantidad correspondiente a abril ($55).

$$0,1 \times \$55 = \$5,50; \$5,50 + \$55 = \$60,50$$

Junio: Suma el 10% de $60,50 a la cantidad correspondiente a mayo (60,50).

$$0,1 \times \$60,50 = \$6,05; \$6,05 + \$60,50 = \$66,55$$

En junio, los estudiantes necesitan vender dulces y golosinas por un valor de $66,55 para lograr su objetivo.

TARJA EL 66,55 EN EL CUADRO CON SOLUCIONES

10. Primero encuentra la cantidad de dinero total destinada al presupuesto del equipo de béisbol. La pista es el sueldo del entrenador ($3.000), el cual es el $37\frac{1}{2}$% del presupuesto total. Usa una proporción. Que t corresponda al presupuesto total.

$$\frac{\$3.000}{t} = \frac{37,5}{100}$$

$$3000 \times 100 = 37,5 \times t$$

$$300.000 = 37,5 \times t$$

$$300.000 \div 37.5 = t$$

$$t = 8.000$$

El presupuesto total es $8.000.
Para encontrar la cantidad destinada para los uniformes, encuentra el 25% de $8.000.

$$0,25 \times \$8.000 = \$2.000$$

La cantidad destinada para los uniformes es $2.000.

TARJA EL 2.000 EN EL CUADRO CON SOLUCIONES

11. El transporte es el $12\frac{1}{2}$%, o bien, $\frac{1}{8}$ del presupuesto.

$$\frac{1}{8} \times \$8.000 = 8.000 \div 8 = \$1.000$$

La cantidad destinada para uniformes es $1.000.

TARJA EL 1.000 EN EL CUADRO CON SOLUCIONES

12. Usa la cantidad proporcional de $\dfrac{\text{aumento}}{\text{precio original}} = \dfrac{\%}{100}$. La cantidad del aumento se desconoce. Indica el aumento con la letra a.

$$\frac{a}{0,96} = \frac{125}{100}$$

$$100 \times a = 0,96 \times 125$$

$$100 \times a = 120$$

$$a = 120 \div 100$$

$$a = 1,2, \text{ o bien, un aumento de } \$1,20.$$

Suma el aumento en el precio al precio de dos años atrás para encontrar el precio en el presente.

$$\$0,96 + \$1,20 = \$2,16$$

El precio de la gasolina en el presente es de $2,16 por galón.

TARJA EL 2,16 EN EL CUADRO CON SOLUCIONES

El único número que no fue tarjado en el cuadro con soluciones es el 70.

El 70% del cuerpo humano es agua.

Rascacabezas 16, página 168

1. El principal es $2.000, la tasa de interés simple es del 6% (0,06) y el tiempo es 1 año. Usa la fórmula para el interés simple.

$$I = P \times Ta \times Ti$$

$$I = \$2.000 \times 0,06 \times 1 = \$120,00 \text{ en interés}$$

Suma el interés al principal.

$$\$120 + \$2.000 = \$2.120$$

Después de un año, había $2.120 en la cuenta de María.

2. El principal es $600, la tasa de interés simple es del 4% (0,04) y el tiempo es 3 meses, o bien, $\frac{1}{4}$ de un año. Cambia $\frac{1}{4}$ al decimal 0,25 para facilitar el cálculo. Usa la fórmula para el interés simple.

$$I = P \times Ta \times Ti$$

$$I = \$600 \times 0{,}04 \times 0{,}25 = \$6{,}00 \text{ en interés}$$

Suma el interés al principal.

$$\$6{,}00 + \$600{,}00 = \$606{,}00$$

Dorián retiró $606,00 al final de los tres meses.

3. Encuentra el interés correspondiente del 1 de junio al 1 de julio, es decir, un mes. El principal es $500, la tasa de interés anual es del 5% y el tiempo, aunque es un mes, está basado en un año. Usa la fórmula para el interés simple.

$$I = P \times Ta \times Ti$$

$$I = \$500 \times 0{,}05 \times 1 \text{ año} = \$25{,}00 \text{ en interés}$$

Divide por 12 para ver el interés de un mes.

$$\$25 \text{ por año} \div 12 \text{ meses en un año} = \$2{,}08$$

Suma los $2,08 al principal de $500 para obtener el nuevo principal de $502,08.
Repite los pasos para el período 1 de julio al 1 de agosto.

$$I = P \times Ta \times Ti$$

$$I = \$502{,}08 \times 0{,}05 \times 1 = \$25{,}10 \text{ en interés}$$

Divide por 12 para determinar el interés de un mes.

$$\$25{,}10 \text{ por año} \div 12 \text{ meses en un año} = \$2{,}09$$

Suma los $2,09 al nuevo principal de $502,08 para obtener el más nuevo principal de $504,17. El 1 de agosto, Lilián tenía $504,17 en su cuenta.

4. En este problema, el principal (P), el tiempo (Ti) y la cantidad de interés (I) se conocen ($P = 1.000$, $Ti = 1$ año, $I = \$55$). Lo que se debe encontrar es la tasa de interés (Ta) simple

anual. Aquí también puedes emplear la fórmula $I = P \times Ta \times Ti$, si bien ahora debes calcular la tasa.

$$I = P \times Ta \times Ti$$

$$\$55 = \$1.000 \times Ta \times 1$$

$$\$55 = \$1.000 \times Ta$$

Divide ambos lados de la ecuación por 1.000.

$$Ta = 55 \div 1.000 = 0{,}055 = 5{,}5\% = 5\frac{1}{2}\%$$

El banco de Carolina había ofrecido una tasa de interés del $5\frac{1}{2}\%$ anual.

5. En este problema, el principal (P), la cantidad de interés (I) y la tasa de interés simple anual (Ta) se conocen ($P = \$1.500$, $I = \$45$, $Ta = 6\%$). Necesitamos encontrar el tiempo (Ti). También aquí puedes emplear la fórmula $I = P \times Ta \times Ti$, pero ahora la incógnita es el tiempo. Recuerda que el tiempo en la fórmula está expresado en años.

$$I = P \times Ta \times Ti$$

$$\$45 = \$1.500 \times 0{,}06 \times Ti$$

$$\$45 = \$90 \times Ti$$

Divide ambos lados de la ecuación por 90.

$$Ti = 45 \div 90 = 0{,}5 = \frac{1}{2} \text{ año} = 6 \text{ meses}$$

Penélope invirtió su dinero por 6 meses.

CAPÍTULO SEIS

Estadística estupenda y probabilidad penetrante

Números, numerosos números mágicos, flotando en grupos, tablas y gráficos.
La estadística estos números requiere ordenar para que cosas sorprendentes puedas encontrar.

Jugador	#al bat
Hi_	253
_ACE	593
Sosa	625
Rodriguez	443

PROBLEMAS VERBALES CON ESTADÍSTICAS

En capítulos previos aprendiste a usar los Cuatro Pasos de Polya para Solucionar Problemas. En este capítulo deberás proveer los pasos que faltan. En los ejemplos se presentará sólo la solución del problema y tú deberás comprender el problema, planear una estrategia y realizar tu plan. Puedes emplear un plan distinto al que nosotros presentamos en los ejemplos, después de todo, la mayoría de los problemas en matemática tienen distintas maneras para ser solucionados (y por eso que es tan importante verificar tus respuestas).

La *estadística* es el campo de la matemática que se ocupa de juntar e interpretar datos. La estadística puede presentarse en tablas, gráficos y cuadros que ayudan a describir las relaciones entre gente, cosas y lugares. Los atletas, estudiantes, comerciantes y muchos profesionales de todo tipo usan la estadística para comparar y contrastar datos sobre sí mismos y otros.

EJEMPLO:

Usa los datos que aparecen en la tabla para encontrar lo siguiente:

a. El promedio de bateo de Hill
b. El número de golpes de Sosa en 1999
c. El número de golpes que Rodríguez habría necesitado para lograr un promedio de bateo superior al de Grace.

Estadísticas de Fin de 1999 para el Equipo de Béisbol Chicago Cubs

Jugador	Número de turnos al bate	Número de golpes	Promedio de bateo
Hill	253	76	?
Grace	593	183	?
Sosa	625	?	0,288
Rodríguez	443	136	?

El *promedio de bateo* de un jugador de béisbol es el resultado del número de golpes durante el año dividido por el número de turnos al bate.

a. Para encontrar el promedio de bateo de Hill, encuentra los datos sobre Hill en la tabla y úsalos. Redondea al milésimo más próximo.

$$\frac{76}{253} = 0,300$$

El promedio de bateo de Hill fue de 0,300.

b. Para encontrar el número de golpes hechos por Sosa en 1999, encuentra en la tabla su número de turnos al bate y su promedio de bateo.

Forma una proporción con $\dfrac{\text{golpes}}{\text{turnos al bate}} = \dfrac{\text{promedio de bateo}}{1}$.

Que g represente el número de golpes.

$$\frac{g}{625} = \frac{0,288}{1}$$
$$g \times 1 = 625 \times 0,288$$
$$g = 180$$

Sosa hizo 180 golpes en 1999.

c. Para encontrar el número de golpes que Rodríguez habría necesitado para lograr un promedio de bateo superior al de Grace, encuentra primero los promedios de bateo de Rodríguez y Grace. Rodríguez tuvo un promedio de bateo de $\frac{136}{443} = 0,307$. Grace tuvo un promedio de bateo de $\frac{183}{593} = 0,309$. Forma la razón entre los golpes (g) y los 443 turnos al bate de Rodríguez: $\frac{g}{443}$.

Supón y verifica los valores de g (mayores de 136) hasta que la razón sea igual a un promedio superior al 0,309 (el promedio de bateo de Grace). Trata 137: $\frac{137}{443} = 0,309$. Este resultado es igual al promedio de bateo de Grace. Trata 138: $\frac{138}{443} = 0,312$. ¡Este está bien!

Si Rodríguez hubiese hecho dos golpes más, para un total de 138 golpes, su promedio de bateo habría sido más grande que el de Grace.

EJEMPLO:

La compañía Bocadillos Lindos encuestó a 120 personas, escogidas al azar, para estimar el porcentaje promedio de gente que compra bocadillos.

Los resultados de la encuesta aparecen en la tabla y su correspondiente gráfico circular más abajo. Usa los resultados para responder estas preguntas:

a. ¿Qué tipo de bocadillo pertenece al segmento *B* en el gráfico circular?

b. ¿Cuánto mayor fue el porcentaje de los que prefirieron bocadillos salados que el porcentaje de los que prefirieron otros bocadillos?

Resultados de la Encuesta

Bocadillo	Número de personas
Papas fritas	40
Bizcochos	12
Fruta	15
Galletas saladas	30
Helado	23
Total de encuestados	120

a. El segmento *B* es $\frac{1}{4}$ del gráfico. Para ver qué bocadillo corresponde al segmento *B* del gráfico circular, forma una proporción. Que *p* represente al número de personas que prefirieron el bocadillo de *B*.

$$\frac{p}{120} = \frac{1}{4}$$

Multiplica en cruzado para resolver *p*.

$$p \times 4 + 120 \times 1$$

$$p = 120 \div 4 = 30 \text{ personas}$$

El bocadillo preferido por 30 personas son las galletas saladas. Las galletas saladas corresponden al segmento *B*.

b. Encuentra primero el número de personas que prefirieron bocadillos salados.

Las papas fritas y las galletas saladas son bocadillos salados.

$$papas + galletas = 30 + 40 = 70$$

Ahora encuentra el porcentaje de las personas que prefieren bocadillos salados.

$$\frac{70}{120} \approx 58\%$$

Los otros bocadillos son bizcochos, fruta y helado.

Determina el número total y el porcentaje de personas que prefirieron estos otros bocadillos.

$$Bizcochos + fruta + helado = 12 + 15 + 23 = 50$$
$$\frac{50}{120} \approx 42\%$$

Resta para encontrar el porcentaje de los que prefirieron más los bocadillos salados que los otros bocadillos.

$$58\% - 42\% = 16\%$$

Un 16% de personas prefirieron más los bocadillos salados que los demás bocadillos.

RASCACABEZAS 17

Emplea la estadística para resolver los problemas verbales siguientes. Lee cuidadosamente cada problema, planea una estrategia, realiza el plan y verifica tu trabajo.

1. Emplea los datos sobre edificios altos en la tabla que aparece a continuación para responder estas preguntas:

   a. ¿Cuánto más alto es un piso en la Torre Uno Petronas que un piso en la Torre Sears? (Redondea tus cálculos al décimo de pie más próximo).

   b. Ordena a los edificios según la altura de sus pisos.

Edificios Altos

Edificio	Sitio	Altura (en pies)	Número de pisos
Torre Sears	Chicago, Illinois	1.450	110
Amoco	Chicago, Illinois	1.136	80
Torre Uno Petronas	Kuala Lumpur, Malasia	1.483	88
Edificio Empire State	Nueva York, Nueva York	1.250	102

2. Usa los datos del censo presentados en la tabla de abajo para responder estas preguntas:
   a. ¿Cuánta más gente vivió en Houston en 1998 que en Columbus y Boston combinados?
   b. Al compararse el número de estaciones de TV con el número total de estaciones de comunicación (TV y radio combinadas), ¿qué ciudad tiene el mayor porcentaje de estaciones de TV?

Estadísticas del Censo de 1998 para Julio

Ciudad	Población	Estaciones de TV	Estaciones de radio
Houston, Texas	1.786.691	15	54
Columbus, Ohio	670.234	8	25
Boston, Massachusetts	555.447	12	21

3. Usa la información provista por el gráfico de dispersión para responder estas preguntas:

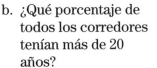

   a. ¿Qué edad tenía el corredor que ganó la carrera?
   b. ¿Qué porcentaje de todos los corredores tenían más de 20 años?

Estadísticas de la Carrera

   c. ¿Cuánto tiempo le tomó al corredor de 25 años más lento para terminar la carrera?

4. Usa las estadísticas sobre béisbol en la tabla siguiente para responder estas preguntas:
   a. ¿Qué porcentaje de los juegos jugados por los Yankees fueron ganados en su ciudad de origen?

b. ¿Qué porcentaje de su total de juegos, redondeado al porcentaje más próximo, ganaron los Blue Jays?
c. Ordena los equipos según sus porcentajes de victorias.

Estadísticas de 1999 de la Liga Americana de Béisbol

Equipo	Ganaron	Perdieron	Ganaron en su Ciudad
Blue Jays de Toronto	84	78	40
Yankees de Nueva York	98	64	48
Red Sox de Boston	94	68	49

(Las respuestas están en la página 198).

Resolver problemas con estadística
será provechoso hoy y mañana.
Verás cuán útiles son en la vida la gama,
el término medio, la moda y la mediana.

LOS TRES FABULOSOS PROMEDIOS

A menudo los grupos de números se describen y comparan mediante *promedios*, llamados también *medidas de tendencia central*. Las medidas más comunes son el término medio, la mediana y la moda.

NOTA MATEMÁTICA

Cuando la palabra *promedio* se usa en estadística, es a veces poco claro cuál de todas las medidas de tendencia central fue usada. La verdad es que todas se parecen, pero cada una presenta ciertas ventajas y desventajas. Piensa sobre esto a medida que vas aprendiendo los detalles de cada medida.

Cómo encontrar el término medio en un grupo de números

El promedio más común es el *término medio aritmético*, conocido simplemente como *término medio*. Para determinar el término medio, suma todos los números que se te dan como datos y luego divide el resultado de la suma por el número de los datos. Por ejemplo, para encontrar el término medio de los cinco números 35, 42, 38, 49, 36, suma estos números y luego divide el resultado por cinco.

$$35 + 42 + 38 + 49 + 36 = 200$$

$$200 \div 5 = 40$$

El término medio de los cinco números es 40.

Cómo encontrar la mediana en un grupo de números

La *mediana* es el valor del número del medio cuando los números se ordenan numéricamente de menor a mayor o de mayor a menor. El primer paso para encontrar la mediana consiste en ordenar los números. Por ejemplo, para encontrar la mediana de los números 35, 42, 38, 49 y 36, debes primero ordenarlos de menor a mayor.

$$35 \quad 36 \quad 38 \quad 42 \quad 48$$

(También puedes ordenarlos de mayor a menor y obtener el mismo resultado). Hay un número impar de números en el grupo. Por lo tanto, existe un número que está en el medio. En este grupo, el número del medio es el 38, con dos números menores a 38 y dos números mayores a 38. Así, la mediana de los números 35, 42, 38, 49 y 36 es 38.

Cuando tengas el mismo número de números a ambos lados del número del medio, habrás encontrado la mediana. Cuando el número de números es impar, siempre habrá un número que está en el medio.

¿Qué iremos a hacer cuando el número de números sea par?

Veamos un ejemplo. Para encontrar la mediana de los números 59, 67, 81, 61, ordénalos de menor a mayor.

$$59 \quad 61 \quad 67 \quad 81$$

Nota que no tienes un número en el medio. Si fueras a trazar una línea por la mitad, la línea estaría entre el 61 y el 67, con dos números a la izquierda y dos números a la derecha.

$$59 \quad 61 \mid 67 \quad 81$$

La mediana es el término medio de los dos números que se encuentran, uno a cada lado, de la línea divisoria.

$$(61 + 67) \div 2 = 128 \div 2 = 64$$

La mediana de los números 59, 67, 81 y 61 es 64.

NOTA MATEMÁTICA

Cuando haya un número par de términos en una lista, no habrá un término exacto en el medio sino dos términos a cada lado del medio. Debes encontrar el término medio entre estos dos números para poder encontrar la mediana. La mediana puede o no ser uno de los números en la lista, pero sí será igual o casi igual a los números en el medio.

Cómo encontrar la moda en un grupo de números

La moda es el número o ítem que aparece con mayor frecuencia en un grupo de datos. En un grupo de datos puede haber ninguna, una, o más de una moda. Estos casos se ilustran en los grupos de datos siguientes.

El grupo de números 11, 14, 15, 17, 14, 21, 9, 21 tiene dos modas, 14 y 21. Cada uno de estos números aparece dos veces en los datos, mientras que los demás números aparecen sólo una vez. El grupo de números 82, 76, 73, 69, 86, 71 no tiene ninguna moda, pues ningún número ocurre más de una vez. El grupo de números 65, 72, 65, 78, 65 y 75 tiene una moda. Aquí el número 65 aparece tres veces mientras que los demás números sólo aparecen una vez.

LA GAMA: UNA MEDICIÓN DE LA DISPERSIÓN DE LOS DATOS

Es importante conocer el promedio de un grupo de datos. Sin embargo, muchos grupos de datos pueden tener el mismo término medio. Por ejemplo, las dos hileras de datos abajo tienen el mismo término medio, 85. (¡Verifícalo!)

$$77 \qquad 81 \qquad 85 \qquad 89 \qquad 93$$
$$60 \qquad 75 \qquad 87 \qquad 99 \qquad 104$$

En lo que las dos hileras difieren es en la cantidad de *dispersión*. La gama de un grupo de números es una medición de la dispersión de los datos. La gama es la diferencia entre los números más altos y más bajos en el grupo. Por ejemplo, la gama de la primera hilera de datos presentados arriba es el número más alto menos el número más bajo, o bien, $93 - 77 = 16$. La gama de la segunda hilera de datos es $104 - 60 = 44$. De este modo, la obtención del término medio y de la gama en un grupo de datos provee una mejor información sobre los datos que si se hubiese obtenido solamente el término medio. Mientras mayor sea la gama, mayor será la dispersión de los datos.

¡Sí! Veamos si tienen razón ahora,
¡los creyentes en la estadística indolora!

EJEMPLO:
Pancracio Abstracto obtuvo 87, 85, 87, 84, 95, 89 y 61 puntos en sus exámenes de matemática.
a. Encuentra el término medio en el puntaje de Pancracio.
b. Encuentra la mediana en el puntaje de Pancracio.
c. Encuentra la moda en el puntaje de Pancracio.
d. Encuentra la gama en el puntaje de Pancracio.

a. Para encontrar el término medio, suma las notas obtenidas por Pancracio.

$$87 + 85 + 87 + 84 + 95 + 89 + 61 = 588$$

Hay siete notas, así que divide el total por siete.

$$588 \div 7 = 84$$

El término medio de las notas de Pancracio es 84.

b. Para encontrar la mediana de las notas de Pancracio, ordénalas de menor a mayor.

61　　84　　85　　87　　87　　89　　95

Encuentra la nota del medio en esta lista. La nota del medio es 87, habiendo tres notas a la izquierda del 87 y tres notas a la derecha del 87.
La mediana de las notas de Pancracio es 87.
Nota que el término medio de sus notas (84) es menor que la mediana (87). Veamos cómo se produjo una diferencia tan grande. Pancracio tuvo una nota de 61, la cual es mucho más baja que todas sus demás notas. Encuentra el término medio sin tomar el 61 en cuenta.

$$(87 + 85 + 87 + 84 + 95 + 89) \div 6 = 527 \div 6 \approx 88$$

Sin el 61, el término medio de Pancracio habría sido 88, el cual está más próximo a su mediana de 87. Cuando un número en un grupo es mucho más bajo o alto que los demás números, el indicador más exacto del promedio será la mediana y no el término medio.

c. Para encontrar la moda en las notas de Pancracio, busca los números que se repiten en la lista.

87   85   87   84   95   89   61

El número 87 aparece dos veces, lo que no ocurre con ningún otro número.

La moda es 87.

d. Para encontrar la gama en las notas de Pancracio, resta el número más bajo al número más alto.

87   85   87   84   95   89   61

El número más bajo es 61 y el número más alto es 95.

$$95 - 61 = 34$$

La gama en las notas de Pancracio es 34.

Los exámenes, deportes, estimados y dineros con la estadística son buenos compañeros.

RASCACABEZAS 18

Para resolver cada uno de los siguientes problemas, emplea el término medio, la mediana, la moda y la gama. Lee los problemas con cuidado, planea una estrategia, realiza el plan y verifica tu trabajo.

1. En los últimos seis partidos de béisbol, Franco logró 14, 21, 18, 23, 15 y 29 dobles. Encuentra el término medio de sus dobles.

2. En los últimos siete juegos de baloncesto, Cecilia logró 30, 21, 29, 28, 10, 27 y 23 puntos. ¿Cuánto más grande es la mediana de Cecilia que su término medio?

3. Usa el anuncio siguiente para responder estas preguntas:
   a. ¿Cuál es la gama de precios en la venta escolar?
   b. ¿Cuál es el precio término medio?
   c. ¿Cuál sería el precio de una tajada de bizcocho de plátano si el término medio de los cinco precios es $0,55?

Venta Escolar de la Escuela Buenas Peras			
Tortas	$0,55	Galletas	$0,35
Pasteles	$0,60	Bebidas	$0,50

4. Usa los datos sobre transporte escolar en la tabla de abajo para responder estas preguntas:
   a. ¿Cuántos estudiantes fueron encuestados?
   b. ¿Qué tipo de transporte representa la moda en estos datos?
   c. Usa la moda para llegar a una conclusión sobre la manera en que los estudiantes van a la escuela.

Encuesta por Clase sobre el Transporte a la Escuela

Forma de transporte	Número de estudiantes	
Autobús	THL I	
Caminata	THL THL	
Bicicleta	II	
Conducido por padres	THL THL II	

5. En una competencia de cuatro juegos de bolos, Polly obtuvo 95, 110 y 101 puntos en sus tres primeros juegos. ¿Cuál es el puntaje mínimo que Polly puede lograr en el último juego para que su término medio sea por lo menos 105?

6. Los altos de seis amigos son 5 pies y 2 pulgadas, 4 pies y 7 pulgadas, 5 pies y 2 pulgadas, 4 pies y 9 pulgadas, 5 pies y 1 pulgada y 4 pies y 11 pulgadas. ¿Cuál es la mediana del alto de los amigos?

7. Usa las notas que aparecen en la tabla siguiente para responder esta pregunta:
   Para calcular los promedios de los grados finales, un maestro de ciencias cuenta las pruebas una vez, los exámenes dos veces y el examen final tres veces. ¿Quién tiene el promedio (término medio) más alto, Venus o Selena?

Estudiante	Pruebas	Exámenes	Examen Final
Venus	88, 84, 79	90, 87	93
Selena	90, 92, 91	91, 82	85

8. Fotobella S.A. ofrece un premio al contado a su mejor empleado. En base de los datos proporcionados por la tabla más abajo, ¿quién crees tú que es el mejor empleado? (Usa el término medio y/o la mediana para ayudarte a decidir).

Empleado	Cámaras Vendidas por Mes					
	Ene.	Feb.	Mar.	Abr.	May.	Jun.
Fiona Foto	50	65	23	18	21	50
Fátima Flash	36	40	36	39	42	45

9. Marina Atlas ha obtenido las siguientes notas en su clase de geografía: 83, 91, 81, 91 y 90. Todavía debe rendir un examen más y Marina desea terminar con un promedio de A (un promedio 90–93). ¿Será posible que ella obtenga un promedio de A? Y si fuese así, ¿cuál debiera ser su nota en el último examen?

(Las respuestas están en la página 200).

¿CUÁN POSIBLE ES ESTO? EL JUEGO DE LAS PROBABILIDADES

Piensa si algo es mentira o si es verdad
y verás cómo están juntas
la estadística y la probabilidad.

Cuando sabes cuán posible es que algo ocurra, estás operando con la *probabilidad*. La probabilidad se usa en juegos, informes meteorológicos, encuestas, deportes, estudios científicos y muchos otros campos. La probabilidad de que se dé un resultado determinado (llamado aquí *evento*) se expresa en forma de razón.

Sugestiones para hacer una razón de probabilidad

El numerador de una razón de probabilidad es el número de maneras en que un evento de interés puede ocurrir. El denominador es el número total de resultados que son posibles. Así, la probabilidad de que un evento ocurra se da en la razón siguiente:

$$\frac{\text{número de maneras en que un evento puede ocurrir}}{\text{número posible de resultados}}$$

Por ejemplo, imagínate que tiras un dado. ¿Cuál es la probabilidad de que obtengas un número superior al cuatro?

Después de rodar, el dado puede mostrar un uno, dos, tres, cuatro, cinco o seis. Cada uno de estos resultados tiene la misma probabilidad de ocurrir, es decir, estos resultados son *igualmente posibles*. El número total de maneras igualmente posibles en que el dado pueda caer es seis. Los resultados superiores al cuatro son cinco y seis. Estos dos resultados son igualmente posibles. La probabilidad de obtener un número superior al cuatro es $\frac{2}{6} = \frac{1}{3}$.

NOTA MATEMÁTICA

Cuando uses una razón de probabilidad, debes asegurarte de que las distintas maneras en que un evento puede ocurrir sean igualmente posibles de ocurrir. Además, todos los resultados posibles deben ser igualmente posibles.

EJEMPLO:

¿Cuál es la probabilidad de lograr un 2 después de hacer girar la flecha?

Primero, determina en cuántos números puede detenerse la flecha (ocho posibilidades). Ve si la flecha tiene la misma probabilidad de caer en cualquier número (sí, ya que el círculo está dividido en ocho partes que son iguales). De estas ocho posibilidades, hay una sola posibilidad de que la flecha se detenga en el 2.

Forma la razón de probabilidad. La probabilidad de obtener un 2 después de hacer girar la flecha es $\frac{1}{8}$.

NOTA MATEMÁTICA

A veces una probabilidad se expresa como una fracción y otras veces como un porcentaje. En el ejemplo previo, $\frac{1}{8} = 0,125 = 12\frac{1}{2}\%$ de probabilidad de obtener un 2.

EJEMPLO:

Usa los datos de la tabla de abajo para responder la siguiente pregunta de probabilidad.

Si sólo un miembro del coro de la escuela puede cantar en el Coro Nacional, ¿cuál es la probabilidad de que se elija, al azar, a un alumno del sexto grado?

Miembros del Coro Escolar		
Grado 6	Grado 7	Grado 8
15	20	10

Encuentra primero el número de alumnos en el sexto grado (15). Luego encuentra el número total de estudiantes, de los cuales sólo uno será elegido.

$$15 + 20 + 10 = 45$$

La razón de probabilidad es $\frac{15}{45} = \frac{1}{3}$.

Hay $\frac{1}{3}$, es decir una de tres probabilidades de que un alumno del sexto grado sea elegido para el Coro Nacional. O bien, puedes decir que hay una probabilidad del $33\frac{1}{3}\%$.

EJEMPLO:

Si una moneda de 5 centavos y otra de 10 centavos se tiran al aire, ¿cuál es la probabilidad de que al menos una moneda caiga en sello?

Primero encuentra las distintas maneras en que
pueden aterrizar las monedas. Haz una lista.

Moneda de 5¢ **Moneda de 10¢**
    Cara   Cara
    Cara   Sello
    Sello   Cara
    Sello   Sello

Hay cuatro maneras distintas, todas igualmente posibles, en que
pueden aterrizar las monedas. Cuenta las tiradas que contienen
por lo menos una cara (3). La razón de probabilidad es $\frac{3}{4}$, o bien,
3 de 4.

Ahora considera lo siguiente: ¿Será posible lanzar dos monedas
cuatro veces y lograr sello-sello (ninguna cara) en cada una de
las cuatro tiradas? Sí, es posible. Puede suceder aun cuando la
probabilidad matemática sea muy pequeña. La probabilidad nos
dice lo que va a pasar *a largo plazo*. Una probabilidad de 3 de 4
significa que si dos monedas fuesen lanzadas muchas, muchas
veces, aproximadamente el 75% del total de las tiradas
mostrarían por lo menos una cara.

NOTA MATEMÁTICA

La probabilidad de un evento es una razón entre 0 y 1,
o un porcentaje entre 0% y 100%.
Si se sabe que un evento va a ocurrir con absoluta
certeza, su probabilidad es de 1, o 100%. Si se sabe
que un evento jamás podrá ocurrir, su probabilidad será
de 0, o 0%.

La frecuencia relativa

Hay algunas situaciones en que conocemos los resultados posibles aun cuando no realicemos acción alguna. Los ejemplos de
tales situaciones incluyen tirar una moneda o un dado, o sacar
un naipe de un mazo bien barajado. En otras ocasiones debemos
usar información obtenida en el pasado para determinar la
probabilidad de que algo suceda. En este caso, la razón de probabilidad se llama *frecuencia relativa*. La frecuencia relativa es
una manera de predecir la probabilidad de que algo suceda
aprovechando el hecho de que sabemos cuántas veces ese
evento ocurrió en el pasado.

EJEMPLO:

El año pasado, Roberto Pelotas logró golpes en 60 de los 150 partidos que jugó. Si Roberto juega en 160 partidos el año próximo, estima cuán probable sería de que logre un golpe en su primer partido. ¿Cuántos golpes puede esperarse que Roberto logre en todos los partidos?

Primero encuentra el número total de partidos en los que Roberto jugó el año pasado (150). Luego encuentra el número de partidos en los que logró un golpe (60). Forma una razón de frecuencia relativa entre las veces que Roberto logró un golpe y el total de partidos jugados el año pasado.

$$\frac{60}{150} = \frac{2}{5} = 0,4 = 40\%$$

Existe una probabilidad del 40% que Roberto logre un golpe en su primer juego. Si Roberto juega 160 partidos el año próximo, debiera lograr un 40% de $160 = 0,4 \times 160 = 64$ golpes.

NOTA MATEMÁTICA

Recuerda que la frecuencia relativa es un estimado basado sobre datos reunidos previamente.

RASCACABEZAS 19

Planea y realiza una estrategia para resolver cada uno de los problemas verbales que siguen. Recuerda de verificar tu trabajo. Al final de cada problema encontrarás una letra. Escribe la letra en la línea que corresponde a la respuesta numérica al problema en el código de respuestas que encontrarás al final de este grupo de problemas. Cuando hayas completado el código de respuestas, verás la solución a la pregunta siguiente:

¿Qué animal es el mamífero más grande del mundo?

1. Mira la rueda a la derecha y responde esta pregunta: Después de hacer girar la flecha, ¿cuál es la probabilidad de que la flecha termine señalando el espacio rojo? (U)

2. ¿Cuál es la probabilidad de escoger al azar un naipe con una figura si se trata de un mazo corriente de 52 naipes? (A)

3. En un juego compuesto de 26 tarjetas, cada una con una letra distinta del alfabeto, el jugador que llegue a juntar las letras PATO gana el juego. ¿Cuál es la probabilidad de que un jugador escoja una de esas letras la primera vez que saque una tarjeta? (B)

4. Se tiran un dado rojo y un dado verde. ¿Cuál es la probabilidad de que la suma sea siete? (Z)

5. **Encuesta de Espectáculos Favoritos de TV**

Espectáculo	Votos
Capitán Peligro	20
Baile Latino	75
¡Hazme Rico!	105

Si se encuestaron 600 personas, ¿cuál es el estimado del número de personas que escogerían *Capitán Peligro* como su espectáculo favorito? (E)

6. Catalina, Carolina y Corina están luchando por los dos últimos boletos para el concierto de Camarino Cotorrino. Si sólo dos de ellas pueden ir al concierto, ¿qué probabilidad tiene Corina de ir? (Haz tu respuesta en forma de fracción). (L)

7. Dentro de una bolsa hay 30 caramelos rojos, 20 amarillos, 20 púrpuras, 10 verdes, 10 anaranjados y 10 azules.
   a. ¿Cuál es la probabilidad de sacar un caramelo rojo al azar? (L)
   b. ¿Cuál es la probabilidad de sacar un caramelo negro al azar? (N)

8. El año pasado llovió 150 días en Mojadura. ¿Qué probabilidades hay de que llueva mañana? (A)

9. Andrés desea inscribirse en tres competencias deportivas de la Olimpíada Escolar. Si la Olimpíada consiste de natación, zambullidas, carreras y tiro al arco, ¿cuál es la probabilidad de que Andrés se inscriba en la competencia de natación si selecciona las tres competencias al azar? (L)

10. Para ganar el juego, Raúl necesita obtener por lo menos un 3 con una tirada del dado. ¿Cuáles son sus probabilidades (%) de ganar el juego? (A)

Código de respuestas

El mamífero más grande del mundo es la

$\dfrac{2}{13}$ 41% $\dfrac{2}{3}$ $\dfrac{3}{4}$ 60 0 23%

$66\dfrac{2}{3}\%$ $\dfrac{1}{6}$ 50% 20%.

(Las respuestas están en la página 202).

RASCACABEZAS—RESPUESTAS

Rascacabezas 17, página 184

1. a. Para encontrar la altura de un piso, divide la altura del edificio por el número total de pisos.

   Torre Uno Petronas: 1.483 pies ÷ 88 pisos ≈ 16,9 pies por piso

   Torre Sears: 1.450 pies ÷ 110 pisos ≈ 13,2 pies por piso

   El piso de la Torre Uno Petronas es unos 16,9 − 13,2 = 3,7 pies más alto que un piso de la Torre Sears.

   b. Encuentra la altura de un piso en los otros edificios.

   Amoco: 1.136 pies ÷ 80 pisos ≈ 14,2 pies por piso

   Edificio Empire State:
   1.250 pies ÷ 102 pisos ≈ 12,3 pies por piso

   El orden es: Torre Uno Petronas (16,9 pies), Amoco (14,2 pies), Torre Sears (13,2 pies) y Edificio Empire Estate (12,4 pies).

2. a. Encuentra primero las poblaciones combinadas de Columbus y Boston.

    $$670.234 + 555.447 = 1.225.681$$

    Resta esta población combinada a la población de Houston.

    $$1.786.691 - 1.225.681 = 561.010$$

    Hubo 561.010 más gente en Houston que en Columbus y Boston juntas.

    b. Haz la razón entre el número de estaciones de TV y el número total de estaciones de radio y TV en cada una de estas ciudades.

    $$\text{Houston: } 8 \text{ a } (8 + 25) = 8 \text{ a } 33 = \frac{8}{33} \approx 24\%$$

    $$\text{Columbus: } 15 \text{ a } (15 + 54) = 15 \text{ a } 69 = \frac{15}{69} \approx 22\%$$

    $$\text{Boston: } 12 \text{ a } (12 + 21) = 12 \text{ a } 33 = \frac{12}{33} \approx 36\%$$

    Boston tiene el mayor porcentaje de estaciones de TV.

3. a. La persona con el menor tiempo gana la carrera. Examina el eje-y. Mira allí el punto más bajo (es decir, el tiempo más rápido) y ve cómo éste corresponde a la edad de 25 en el eje-x. Esa es la edad del ganador.

    b. Ubica el 20 en el eje-x. Cuenta todos los puntos en el gráfico que se encuentran a la derecha del 20 en el eje-x. Establece una razón:

    $$\frac{\text{mayores de 20}}{\text{toda la gente (puntos)}} = \frac{12}{20} = 0,6$$

    Así, 60% de todas las personas tenían más de 20 años.

    c. Ubica la edad de 25 en el eje-x. Mira directamente hacia arriba partiendo de ese punto. El punto más alto representa a la persona más lenta. Esta persona, de 25 años de edad, se demoró más que nadie y su tiempo fue de 50 minutos.

4. a. Primero encuentra el número total de partidos jugados por los Yankees. Los Yankees jugaron $98 + 64 = 162$ partidos en total. El número de partidos ganados en su ciudad de

origen fue de 48. La razón entre los partidos ganados en casa y el total de partidos jugados es $\frac{48}{162}$, o aproximadamente 30%.

b. La razón entre los partidos ganados y el total de partidos para los Blue Jays fue de $\frac{84}{(84+78)} = \frac{84}{162} \approx 0,52$. Los Blue Jays ganaron aproximadamente el 52% de todos sus partidos.

c. Encuentra el porcentaje de partidos ganados de los Yankees y de los Red Sox. La razón entre partidos ganados y total de partidos jugados para los Yankees es:

$$\frac{98}{(98+64)} = \frac{98}{162} \approx 60\%$$

La razón para los Red Sox es: $\frac{94}{(94+68)} = \frac{94}{162} \approx 58\%$.

El orden, del porcentaje mayor al menor de juegos ganados, es Yankees (60%), Red Sox (58%) y Blue Jays (52%).

Rascacabezas 18, página 190

1. El término medio de Franco es $(14 + 21 + 18 + 23 + 15 + 29) \div 6 = 120 \div 6 = 20$ dobles.

2. Primero ordena los puntajes.

   30   29   28   27   23   21   10

   Hay 7 puntajes en total. El puntaje al medio es 27 y por lo tanto es la mediana.
   El término medio es $(30 + 29 + 28 + 27 + 23 + 21 + 10) \div 7 = 168 \div 7 = 24$.
   La mediana es $27 - 24 = 3$ puntos más que el término medio.

3. a. La gama es el precio más alto ($0,60) menos el precio más bajo ($0,35). La gama es $0,60 - $0,35 = $0,25.

   b. El precio término medio es ($0,55 + $0,60 + $0,35 + $0,50) $\div 4 = $2,00 \div 4 = $0,50$.

   c. Para que el término medio sea $0,55, la suma de los cinco precios debe ser $5 \times $0,55$, o bien, $2,75 ($\frac{$2,75}{5}$ precios = $0,55). La suma de los cuatro precios conocidos es $2,00. Por eso, $2,75 - $2,00 = $0,75. El precio de una tajada de bizcocho de plátano debe ser $0,75 para que el término medio sea $0,55.

4. a. Cuatro palitos verticales y uno diagonal representan a 5 estudiantes. Si se cuentan todos los palitos, el resultado es 30 estudiantes encuestados.

    b. Cada estudiante de la encuesta es una unidad. Así, la moda representa la forma de transporte que posea mayor número de unidades, es decir, los estudiantes conducidos por sus padres.

    c. Si en esta encuesta, limitada a un total de 30 estudiantes, los estudiantes conducidos a la escuela por sus padres representan la forma de transporte más numerosa, puede suponerse que la mayoría de todos los estudiantes de la escuela son conducidos a la escuela por sus padres. Esta es una suposición lógica basada en la estadística.

5. Para lograr un término medio de 105, será necesario que los puntos de todos los juegos jugados sean iguales a 105×4 (total de juegos) $= 420$ puntos. Esto dará a Polly un promedio de $420 \div 4 = 105$ puntos. En el presente, Polly tiene puntajes por un total de $95 + 110 + 101 = 306$ puntos. Polly necesitará lograr por lo menos $420 - 306 = 114$ puntos en su cuarto juego para obtener un promedio (término medio) de 105 o más.

6. Primero ordena los altos de menor a mayor.

4 pies 7 pulgadas	4 pies 9 pulgadas	4 pies 11 pulgadas
5 pies 1 pulgada	5 pies 2 pulgadas	5 pies 2 pulgadas

    Como los altos juntos son un número par, no puede encontrarse un número que esté exactamente al centro. Deberás así encontrar el término medio de los dos términos al medio. Cambia estos dos altos a pulgadas.

    4 pies 11 pulgadas = 59 pulgadas   5 pies 1 pulgada = 61 pulgadas

    Los dos altos al medio son 59 pulgadas y 61 pulgadas. El término medio de estos dos altos es $(59 + 61) \div 2 = 60$ pulgadas. La mediana de todos los altos es 60 pulgadas, o bien, 5 pies.

7. Como las pruebas se cuentan una vez, los exámenes se cuentan dos veces y el examen final se cuenta tres veces, habrá $3 \times 1 = 3$ números de prueba, $2 \times 2 = 4$ números de examen y $1 \times 3 = 3$ números de examen final, para un total de 10 números que se usarán para calcular el término medio. El total de las 10 notas de Venus es $(88 + 84 + 79) + (90 \times 2) + (87 \times 2) + (93 \times 3)$

= 884. El término medio es 884 ÷ 10 = 88,4. El total de Selena es (90 + 92 + 91) + (91 × 2) + (82 × 2) + (85 × 3) = 874. El término medio de Selena es 874 ÷ 10 = 87,4. Venus tiene el término medio mayor.

8. Primero ordena, de mayor a menor, el número de cámaras vendidas por cada empleada. Luego encuentra la mediana y el término medio de cámaras vendidas por cada empleada.

   Fiona: 65   50   50   23   21   18

   El término medio de Fiona es (65 + 50 + 50 + 23 + 21 + 18) ÷ 6 = 227 ÷ 6 ≈ 38. Su mediana es el término medio de los números al medio: (50 + 23) ÷ 2 = 73 ÷ 36,5.

   Fátima: 45   42   40   39   36   36

   El término medio de Fátima es (45 + 42 + 40 + 39 + 36 + 36) ÷ 6 = 238 ÷ 6 ≈ 40. Su mediana es (40 + 39) ÷ 2 = 79 ÷ 2 = 39,5. Tanto el término medio como la mediana de Fátima son mayores que los de Fiona. Si el número de artículos vendidos es el criterio para determinar al mejor empleado, Fátima debiera recibir el premio.

9. La suma de las notas de Marina asciende a (83 + 91 + 81 + 91 + 90) = 436 puntos. Si seis exámenes han de rendirse, un puntaje total mínimo de 6 × 90 = 540 puntos será necesario para que Marina obtenga un promedio de A. Ahora bien, 540 − 436 = 104. Como 100 es el máximo puntaje posible en un examen, Marina será incapaz de lograr un promedio de A.

Rascacabezas 19, página 196

1. Hay cuatro secciones iguales en la rueda, dos de las cuales son rojas. Así, las porciones rojas forman $\frac{2}{4} = \frac{1}{2}$ de la rueda. De este modo, existe una probabilidad de $\frac{1}{2}$, o 50%, de que la flecha señale el rojo.
   Pon una U sobre la línea del 50%.

2. Hay cuatro palos en un mazo de naipes: una sota, una reina y un rey. Por lo tanto, hay 4 × 3 = 12 naipes con figuras por mazo. La probabilidad es de $\frac{12}{52} \approx 23\%$. Existe una

probabilidad del 23% de escoger un naipe con una figura. Pon una A sobre la línea de 23%.

3. PATO contiene cuatro letras. La probabilidad es por lo tanto

$$\frac{4 \text{ letras}}{26 \text{ letras posibles}} = \frac{4}{26} = \frac{2}{13}.$$

Pon una B sobre la línea del $\frac{2}{13}$.

4. Hay 6 números posibles después de tirarse un dado: 1, 2, 3, 4, 5, o 6. Tratándose de dos dados, debido a que la tirada de un dado no afecta los resultados que puedan obtenerse con el otro dado, hay seis números posibles multiplicados por 6 números posibles, es decir, 36. Los siguientes posibles resultados dan un número combinado de 7: 1 y 6, 2 y 5, 3 y 4, 5 y 2, 4 y 3 o 6 y 1. Así, hay 6 maneras de obtener un 7. La razón de probabilidad es $\frac{6}{36} = \frac{1}{6}$. Hay una posibilidad de $\frac{1}{6}$ de lograr una suma de 7.

Pon una Z sobre la línea del $\frac{1}{6}$.

5. Hubo $20 + 75 + 105 = 200$ personas encuestadas. La razón entre los votos por *Capitán Peligro* y todos los votos es de $\frac{20}{200} = 10\%$. Si 600 personas fueron entrevistadas, entonces $10\% \times 600 = 60$ personas son el mejor estimado del número de personas que escogerían *Capitán Peligro* como espectáculo favorito.

Pon una E sobre la línea del 60.

6. Enumera las combinaciones que permiten escoger a dos de las tres niñas.

Catalina y Carolina   Catalina y Corina   Carolina y Corina

De las tres combinaciones, dos incluyen a Corina. De este modo, hay una probabilidad de $\frac{2}{3}$ de que Corina vaya al concierto.

Pon una L sobre la línea del $\frac{2}{3}$.

7. a. Hay un total de $30 + 20 + 20 + 10 + 10 + 10 = 100$ caramelos en la bolsa. Para un caramelo rojo, la probabilidad es 20 de 100, o 20%.
Pon una L sobre la línea del 20%.

b. Como no hay caramelos negros en la bolsa, la probabilidad de sacar uno es de 0.
Pon una N sobre la línea del 0.

8. 150 días en un año de 365 días es $\frac{150}{365} \approx 0,41$. Hay un 41% de probabilidad de que llueva mañana.
Pon una A sobre la línea del 41%.

9. Las combinaciones de competencias que Andrés podría escoger son natación-zambullidas-tiro al arco, natación-carreras-tiro al arco y zambullidas-carreras-tiro al arco. Existen cuatro combinaciones. Tres de las cuatro combinaciones incluyen la natación. Hay una probabilidad de $\frac{3}{4}$ que Andrés escoja la natación.
Pon una L sobre la línea del $\frac{3}{4}$.

10. Hay 6 resultados posibles con la tirada de un dado: 1, 2, 3, 4, 5 y 6. Los números 3, 4, 5 y 6 (cuatro números) tienen un valor de por lo menos 3. La probabilidad es $\frac{4}{6} = \frac{2}{3}$, o bien, como porcentaje, $66\frac{2}{3}\%$.
Pon una A sobre la línea del $66\frac{2}{3}\%$.

Código de respuestas

El mamífero más grande del mundo es la

B	A	L	L	E	N	A
$\frac{2}{13}$	41%	$\frac{2}{3}$	$\frac{3}{4}$	60	0	23%

A	Z	U	L
$66\frac{2}{3}\%$	$\frac{1}{6}$	50%	20%

CAPÍTULO SIETE

La geometría a tu servicio

Polígonos y perímetros
es difícil comprender,
a menos que este capítulo
decidas tú leer.

Líneas, ángulos, gráficos, todo tipo de formas y sus mediciones forman parte de la geometría. Los ingenieros y los meteorólogos, los arquitectos, diseñadores y muchos otros profesionales usan la geometría sin cesar. Veamos ahora algunos importantes términos geométricos que todos usan.

EL RARÍSIMO LENGUAJE GEOMÉTRICO

Polígono: Una forma *cerrada* de dos dimensiones, compuesta por lo menos de tres líneas, ninguna de las cuales se entrecruza.

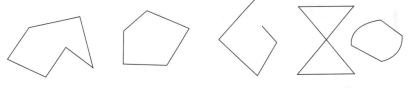

Estos son polígonos   Estos no son polígonos

Es importante saber cuándo una forma es un polígono y cuándo no lo es. Empleando tus propias palabras, explica por qué las tres figuras arriba y a la derecha no son polígonos.

Polígono regular: Un polígono cuyos lados tienen el mismo largo (*lados congruentes*) y ángulos que miden lo mismo (*ángulos congruentes*).

Figuras congruentes: Figuras que al moverse, rotarse, trasladarse o voltearse coinciden exactamente una sobre otra.

Perímetro: La distancia total alrededor de una figura cerrada.

Área: La medición del espacio encerrado por una figura de dos dimensiones. Esta medición se expresa en *unidades al cuadrado*.

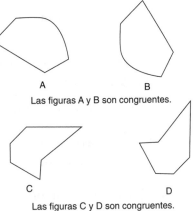

A   B

Las figuras A y B son congruentes.

C   D

Las figuras C y D son congruentes.

Círculo: El conjunto de puntos, en una superficie, que están a igual distancia de un punto dado (el *centro* del círculo). Los tres términos siguientes se refieren a círculos.

Circunferencia: La distancia alrededor de un círculo.

Diámetro: El segmento de una línea desde un punto en un círculo a otro punto en el círculo y que pasa por el centro de ese círculo.

Radio: El segmento de una línea que va desde el centro de un círculo a cualquier punto en ese círculo (la mitad del diámetro del círculo).

Los extraños nombres de los polígonos

Algunos polígonos tienen nombres especiales que corresponden al número de lados y ángulos que poseen.

Número de lados y ángulos	Nombre	Número de lados y ángulos	Nombre
3	Triángulo	7	Heptágono
4	Cuadrilátero	8	Octágono
5	Pentágono	9	Nonágono
6	Hexágono	10	Decágono

¡Tantas palabras que usar y aprender!
Pero si las vemos y estudiamos
y una tras otra las usamos
todos los problemas podremos vencer.

Miembros especiales de la familia cuadrilátera

¿Te has fijado que los cuadrados y los rectángulos no están en la lista de los polígonos? Los cuadrados y los rectángulos tienen cuatro lados y pertenecen a la familia de los cuadriláteros. Veremos ahora las definiciones de algunos cuadriláteros especiales.

Paralelógramo: Un cuadrilátero con lados opuestos que son paralelos y congruentes.

Los lados *AB* y *DC* son paralelos y congruentes.
Los lados *AD* y *BC* son paralelos y congruentes.

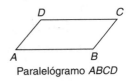

Paralelógramo *ABCD*

Rectángulo: Un paralelógramo con cuatro ángulos rectos (ángulos que miden 90 grados).
Los ángulos *A*, *B*, *C* y *D* tienen ángulos rectos.
Los lados opuestos son paralelos y congruentes.

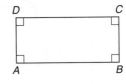

Rectángulo *ABCD*

Cuadrado: Un rectángulo con lados congruentes.
Todos los lados son congruentes.
Todos los ángulos son rectos.
Los lados opuestos son paralelos.

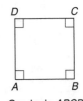

Cuadrado *ABCD*

Rombo: Un paralelógramo con los cuatro lados congruentes.
Todos los lados son congruentes.
Los lados opuestos son paralelos.

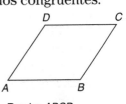

Rombo *ABCD*

Círculos, cuadrados, ángulos y líneas,
¡la cabeza llega a zumbar!
Pero hay que enfrentar a estas criaturas:
llegó la hora de calcular.

PROBLEMAS VERBALES CON GEOMETRÍA

En este capítulo, igual que en el Capítulo Seis, deberás encontrar los pasos que faltan en los Cuatro Pasos para Resolver Problemas de George Polya. En los ejemplos que aparecen a continuación, sólo aparece la solución. Debes asegurarte de leer y comprender el problema, planear una estrategia y realizar tu plan. Tampoco olvides de verificar tu respuesta.

EJEMPLO:

Verónica está cosiendo una manta rectangular que medirá 12 pies por 8 pies cuando quede terminada. La manta será hecha de parches cuadrados, de 4 pies por 4 pies, cosidos juntos.

a. ¿Cuántos parches cuadrados de 4 por 4 necesitará Verónica para hacer la manta?

Nota primero que el largo de la manta es de 12 pies. El largo de cada parche cuadrado es de 4 pies. Habrá $12 \div 4 = 3$ parches que formarán su largo.

El ancho de la manta es de 8 pies. Habrá $8 \div 4 = 2$ parches que formarán su ancho.

Cuando se trata de problemas geométricos o de mediciones en general, a menudo conviene hacer un dibujo.

Cuenta los parches cuadrados. Hay 6 de ellos. (También puedes multiplicar el largo por el ancho, 2×3, para obtener un producto de 6 parches cuadrados).

Verónica necesitará seis parches de 4 por 4 pies para hacer la manta.

b. Verónica desea hacer un diseño cuadrado que consta de cuatro parches en su manta.

Pero Verónica no está segura cómo hacer caber este diseño en la manta. ¿Cuántos cuadrados grandes que constan de 2 parches de largo y 2 parches de ancho caben en la superficie de la manta?

Una manera de responder a esta pregunta consiste en usar un lápiz para dibujar estas formas. Cuenta a medida que dibujes y verás que hay dos posibilidades de colocar un cuadrado grande formado por dos parches de largo y dos parches de ancho en su manta.

Otro método consiste en escribir una letra en cada parche. Una vez que lo hayas hecho, verás cómo puede acomodarse el cuadrado.

Los parches a, b, d, y e muestran una posibilidad de colocar un cuadrado grande. Los parches b, c, e, y f muestran la segunda posibilidad.

NOTA MATEMÁTICA

En geometría, es frecuente tener problemas con piezas o secciones que se superponen. Para evitar errores, conviene mantenerlas claramente identificadas y enumerar por escrito las diversas posibilidades que pueden conducir a la solución del problema.

EJEMPLO:

Una cancha profesional de baloncesto es un rectángulo que mide 85 pies por 46 pies. ¿Cuántos pies de cinta se necesitan para abarcar el perímetro de la cancha? Un rectángulo tiene dos lados de igual largo y dos lados de igual ancho. El perímetro es la distancia alrededor de la cancha. Como

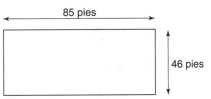

ya hemos dicho, es aconsejable hacer un dibujo. Para encontrar el perímetro, debes sumar las distancias de los cuatro lados. Para eso, hay dos maneras posibles de proceder.

$$46 + 85 + 46 + 85 = 262 \text{ o bien, } 85 + 85 + 46 + 46 = 262$$

Otra manera de proceder es encontrar el perímetro sabiendo que el rectángulo tiene dos lados cuyo largo es de 85 pies y dos lados cuyo ancho es de 46 pies.

$$(2 \times 85) + (2 \times 46) = 262$$

Para abarcar el perímetro de la cancha se necesitan 262 pies de cinta.

NOTA MATEMÁTICA

Hacer un dibujo es un plan excelente, pues te permite "ver" el problema y hace más fácil comprenderlo.

Interesantes fórmulas de superficie

Polígono	Fórmula	
Paralelógramo	base × altura	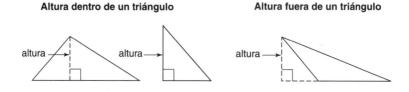
Rectángulo	largo × ancho	
Cuadrado	largo del lado multiplicado por largo del lado, o bien, largo del lado *al cuadrado*	
Triángulo	(largo de la base × altura) ÷ 2, o bien, $\frac{1}{2}$ × (base × altura)	

NOTA MATEMÁTICA

La *altura* (también llamada el *alto*) de un triángulo es una línea dibujada desde cualquier vértice del triángulo y que cae *perpendicularmente* en el lado opuesto. (Las líneas perpendiculares son aquellas que se juntan en ángulo recto o en 90°). A veces la altura de un triángulo se encuentra en o dentro del triángulo y a veces se encuentra fuera de éste.

Altura dentro de un triángulo   **Altura fuera de un triángulo**

Las unidades correspondientes a la superficie (o *área*) de una forma bidimensional (es decir, de dos dimensiones) se escriben con frecuencia con un exponente de 2 o se utiliza la palabra "al cuadrado". Por ejemplo, las expresiones que siguen son equivalentes.

24 pies cuadrados   24 pies^2

En ambos casos, la expresión se lee como "24 pies cuadrados".

EJEMPLO:

Un "diamante" en la cancha de béisbol es en realidad un cuadrado. Un jugador de béisbol corre 360 pies alrededor de las bases después de golpear un jonrón. ¿Cuál

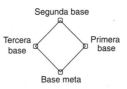

Segunda base
Tercera base
Primera base
Base meta

es la superficie cercada por un diamante de béisbol? El perímetro del cuadrado es de 360 pies. Debemos encontrar su superficie. ¡Haz un dibujo!

Como un cuadrado tiene cuatro lados congruentes, el perímetro dividido por cuatro es la medida de un lado del cuadrado.

360 pies ÷ 4 = 90 pies entre las bases

Usa ahora la fórmula de superficie para obtener la superficie del cuadrado.

La superficie de un cuadrado de béisbol es el largo de un lado multiplicado por el largo de otro lado.

90 pies × 90 pies = 8.100 pies cuadrados = 8.100 pies^2

La superficie de un diamante de béisbol es de 8.100 pies^2.

Las magníficas fórmulas de círculo

Circunferencia: La circunferencia de un círculo equivale a $\pi \times$ el diámetro del círculo, o $2 \times \pi \times$ el radio del círculo. He aquí la fórmula:

$$C = \pi \times d = 2 \times \pi \times r$$

Superficie: La superficie de un círculo equivale a $\pi \times$ el radio al cuadrado. Aquí está la fórmula:

$$A = \pi \times r^2$$

NOTA MATEMÁTICA

¿Qué es π? π es una letra del alfabeto griego y se pronuncia "pi". En geometría, π representa la razón entre la distancia alrededor de un círculo (la circunferencia) y la distancia a través del círculo (el diámetro). La razón, π, es constante para todos los círculos, sin importar cuán grandes o pequeños sean éstos. La circunferencia de un círculo es un poco más de tres veces más larga que el diámetro del círculo. El estimado de π que se emplea con mayor frecuencia es 3,14. π se usa para encontrar tanto la circunferencia como la superficie de los círculos.

EJEMPLO:

Una rueda de parque de diversiones tiene un diámetro de 50 yardas. ¿Cuánta distancia recorres con una vuelta de la rueda? Como los asientos se encuentran en la parte externa de la rueda, la distancia que recorres con una vuelta de la rueda es la distancia alrededor de la

rueda, es decir, su circunferencia. Su diámetro es de 50 yardas. Haz un dibujo e incluye toda la información que posees.

50 yd

Usa la fórmula de círculo para la circunferencia. Emplea 3,14 para π.

$$C = \pi \times d \approx 3{,}14 \times 50 \text{ yardas} = 157 \text{ yardas}$$

La distancia que recorres con una vuelta de la rueda es de unas 157 yardas.

EJEMPLO:

El equipo de fútbol de la escuela desea crear una bandera de fieltro verde. La bandera tendrá la forma que tiene el dibujo a la derecha. Un

círculo blanco con un diámetro de 8 pulgadas tendrá es su centro el escudo de la escuela y se coserá al centro de la bandera.

a. ¿Cuál es la superficie del círculo blanco?

b. ¿Cuánto fieltro verde será visible en el frente de la bandera?

a. Encuentra la superficie del círculo blanco. El diámetro es de 8 pulgadas.

La fórmula de la superficie de un círculo es $S = \pi \times r^2$, donde $\pi \approx 3{,}14$ y r, el radio, es la mitad del diámetro del círculo. En este caso, $r = 8 \div 2 = 4$ pulgadas.

La superficie es aproximadamente de $3{,}14 \times 4$ pulgadas $\times$ 4 pulgadas $= 50{,}24$ pulgadas cuadradas.

La superficie del círculo blanco es de unas $50{,}24$ pulg^2.

b. La superficie del fieltro verde que queda visible es la superficie del fieltro verde menos la superficie del círculo blanco.

La superficie del triángulo de fieltro verde es $\frac{1}{2} \times$ (base $\times$ altura) =

$\frac{1}{2} \times$ (24 pulg $\times$ 18 pulg) = 216 pulg^2.

La superficie del círculo blanco (Parte a) es de 50,24 pulg^2, aproximadamente.

La superficie del fieltro verde que queda visible es de unas 216 − 50,24 = 165,76 pulg^2.

Fórmulas, formas y dibujos aparecen a todo vapor,
¡mira cuánto aprendiste sin sentir ningún dolor!

RASCACABEZAS 20

Lee los problemas siguientes. Planea una estrategia y emplea para ello todo tipo de dibujos, fórmulas o recuento de elementos. Haz el plan y verifica tu trabajo.

1. El club de Nina tiene un signo secreto que tú puedes ver en la puerta del dibujo. El número total de triángulos, grandes y pequeños, contenidos en el signo es el número de miembros del club. ¿Cuántos miembros posee el club?

2. El perímetro de una cancha de fútbol es de 317 metros. El largo es de 109,7 metros. Encuentra el ancho de la cancha.

3. En una carrera de relevos, cada uno de los cuatro corredores de cada equipo debe correr una vez alrededor de una pista circular. La distancia a través de la pista, medida por su centro, es de 80 yardas. ¿Cuál es la distancia total que cada equipo debe correr?

4. Una cometa triangular tiene una base de 18 pulgadas y dos otros lados de 15 pulgadas cada uno. La altura del triángulo es de 12 pulgadas. ¿Cuántas cometas pueden fabricarse de 500 pulgadas cuadradas de tela?

5. Diana tiene tres cintas, cada una de 12 pulgadas de largo. Con ellas, Diana planea hacer bordes para tres marcos de cuadro. Un marco tiene forma de cuadrado, otro de hexágono regular y otro de triángulo equilátero (regular). El largo de una cinta alcanza justo a dar la vuelta a cada marco. ¿Cuál es el largo de la cinta en un lado de cada uno de los marcos?

6. El largo del segundero de un reloj es de 6 pulgadas. ¿Cuánto viaja la punta del segundero en un minuto?

7. ¿Cuántas cuentas de $\frac{1}{2}$ pulgada se necesitan para hacer una pulsera con un diámetro de 4 pulgadas?

8. La distancia entre las bases de una cancha de béisbol para niños es de 60 pies, mientras que la distancia en una cancha de adultos es de 90 pies. Si un niño corre entre las bases de su cancha y un adulto lo hace por la suya, ¿cuál es el mínimo número de veces que cada uno debe correr alrededor de sus bases para que las distancias totales sean las mismas?

9. Una fotografía que mide 3,5 pulgadas por 5 pulgadas se colocará en un marco rectangular de madera que mide 6 pulgadas por 10 pulgadas. ¿Cuál es la superficie de la parte de madera del marco?

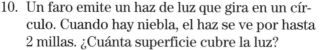

10. Un faro emite un haz de luz que gira en un círculo. Cuando hay niebla, el haz se ve por hasta 2 millas. ¿Cuánta superficie cubre la luz?

11. Dos diseños dibujados dentro de cuadrados de 6 pulgadas por lado fueron creados para un concurso escolar. Los diseños se pintarán de rojo y azul, tal como se muestra a continuación.

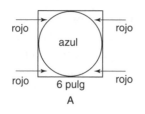

a. ¿Cuál de los dos cuadrados requerirá menor cantidad de rojo?

b. ¿Cuánta menos superficie estará cubierta de rojo?

12. Un arquitecto debe diseñar un patio rectangular con una superficie total de 200 pies cuadrados. Cada lado del patio tendrá un número entero (no fraccionario) de pies. ¿Cuántos patios rectangulares distintos pueden diseñarse? (Cuenta, por ejemplo, 4 por 50 y 50 por 4 como un patio).

13. Un hotelero está colocando cuatro mesas cuadradas para un banquete. Cada mesa debe compartir un lado entero con, por lo menos, una mesa más. Una persona se sentará a cada lado de la mesa que queda expuesto. Nadie se sentará en una esquina.

a. Encuentra la colocación de mesas que permitirá sentar el mínimo de gente.

b. Encuentra la colocación de mesas que permitirá sentar el máximo de gente.

14. Tres cuadrados se colocan uno al lado del otro, tal como muestra la ilustración.

a. Si el perímetro del rectángulo es de 24 cm, encuentra la superficie de cada cuadrado.

b. Encuentra la superficie del rectángulo.

15. Si los lados de un cuadrado se aumentaran en 5 cm cada uno, su nuevo perímetro sería de 36 cm. Encuentra el largo de un lado del cuadrado original.

16. Si los lados de un cuadrado se disminuyeran en 3 pulgadas cada uno, su nueva superficie sería de 49 pulgadas cuadradas. Encuentra la superficie del cuadrado original.

(Las respuestas están en la página 226).

Entender pesos, tiempos y dimensiones fue nuestra intención.
Por eso, litros, libras y pulgadas usaremos en medición.

PROBLEMAS VERBALES CON MEDICIONES

En capítulos previos ya has resuelto problemas verbales con mediciones. Combinemos ahora todo lo aprendido, tanto con medidas métricas como inglesas, para resolver problemas con máxima eficiencia.

Medidas Inglesas Comunes

Longitud o distancia	Peso	Capacidad
1 pie = 12 pulgadas	1 libra = 16 pulgadas	1 taza = 8 onzas líquidas
1 yarda = 3 pies	1 tonelada = 2.000 libras	1 pinta = 2 tazas
1 milla = 5.280 pies		1 cuarto = 2 pintas
		1 galón = 4 cuartos
		1 cucharada = 3 cucharaditas

Medidas Métricas Maravillosas

Longitud	Masa
1 metro = 100 centímetros	1 kilógramo = 1.000 gramos
1 kilómetro = 1.000 metros	

Conversiones Mixtas Convenientes

Longitud o distancia	Masa o peso	Capacidad
1 centímetro = 0,39 pulgada	1 kilógramo = 2,2 libras	1 galón = 3,785 litros
1 metro = 39,37 pulgadas		1 litro = 33,8 onzas fluidas
1 milla = 1,6 kilómetros		
1 pulgada = 2,54 centímetros		

Temperatura

Hay dos escalas de temperatura que se usan con mayor frecuencia, la escala de Fahrenheit y la escala de Celsius. Como no existe una relación directa entre las dos escalas, se necesita usar fórmulas que permitan convertir cantidades de una escala a otra. Para cambiar Celsius (°C) a Fahrenheit (°F), usa la fórmula $F = (1,8 \times C) + 32$.

Para cambiar Fahrenheit a Celsius, usa la fórmula $C = (F - 32) \div 1,8$.

Razones y proporciones
(y geometría, por supuesto)
requieren medidas y mediciones
para ser justos y honestos.

NOTA MATEMÁTICA

Un repaso del Capítulo 4, en el que tratamos relaciones, razones y proporciones, te ayudará a resolver problemas con mediciones.

EJEMPLO:

Una vez, un hombre en India se dejó crecer el bigote hasta que éste alcanzó un largo de 11 pies con 11,5 pulgadas. ¿A cuántos metros equivale ese largo?

Las proporciones son útiles para cambiar unidades inglesas a métricas y viceversa. Primero cambia 11 pies a pulgadas.

11 pies × 12 pulgadas por pie = 132 pulgadas

Ahora encuentra el largo del bigote en pulgadas.

132 pulgadas + 11,5 pulgadas = 143,5 pulgadas

Mira la tabla de conversión y verás que un metro equivale a 39,37 pulgadas.
Usa una proporción para cambiar pulgadas a metros. Que m represente el número de metros.

$$\frac{1 \text{ metro}}{39,37 \text{ pulgadas}} = \frac{m \text{ metros}}{143,5 \text{ pulgadas}}$$

Multiplica en cruzado.

$$143,5 = 39,37 \times m$$

Divide ambos lados de la ecuación por 39,37.

$$143,5 \div 39,37 \approx 3,64 \text{ metros}$$

El bigote de este hombre tenía unos 3,64 metros de largo.

EJEMPLO:

En una ocasión, una mujer en el estado de Massachusetts dio 8.341 volteretas en 10,5 horas. Sobre la base de estos datos, ¿cuántas volteretas podría hacer en 10 minutos? Como el problema trata de volteretas por minuto, cambia las horas a minutos.

10,5 horas = 10,5 horas × 60 minutos por hora = 630 minutos

Usa una proporción para comparar la cantidad de volteretas hechas en 630 minutos con la cantidad de volteretas hechas en 10 minutos. Que v represente el número de volteretas en 10 minutos.

$$\frac{8.341 \text{ volteretas}}{630 \text{ minutos}} = \frac{v \text{ volteretas}}{10 \text{ minutos}}$$

Multiplica en cruzado.

$$83.410 = 630 \times v$$

Divide ambos lados de la ecuación por 630.

$$83.410 \div 630 \approx 132,4, \text{ es decir, unas } 132$$

En 10 minutos la mujer podía hacer unas 132 volteretas.

EJEMPLO:

Alicia va a visitar a Franco y se detiene en algunas de las casas de sus amigos. Si Alicia siempre camina hacia la casa de Franco y nunca hacia su propia casa, ¿cuál es el camino más corto que ella puede tomar?

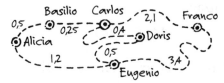

Encuentra todos los distintos caminos que Alicia puede tomar para llegar a la casa de Franco. Una manera de hacer esto es trazar todos los caminos. Otra manera es la de hacer de modo sistemático una lista de todos los caminos.

Indica la casa de cada amigo y amiga con la primera letra de su nombre. Los caminos posibles de A (Alicia) a F (Franco) son ABCF, ABCDEF, AEF y AEDCF.

Calcula la distancia total recorrida en cada camino.

El camino ABCF mide 0,5 milla + 0,25 milla + 2,1 millas = 2,85 millas.

El camino ABCDEF mide 0,5 milla + 0,25 milla + 0,4 milla + 0,5 milla + 3,4 millas = 5,05 millas.

El camino AEF mide 1,2 millas + 3,4 millas = 4,6 millas.

El camino AEDCF mide 1,2 millas + 0,5 milla + 0,4 milla + 2,1 millas = 4,2 millas.

Como 2,85 millas equivale a la distancia más corta, el camino ABCF es el más corto.

EJEMPLO:

El agua hierve a una temperatura de 100° Celsius. ¿A qué temperatura Fahrenheit hierve el agua?

Usa la fórmula para cambiar la temperatura de la escala Celsius a la escala Fahrenheit. (Aquí no necesitas memorizar fórmulas ni unidades de conversión, basta con mirar las tablas que presenta este libro u otros).

$$F = 1,8 \times C + 32$$

$$F = (1,8 \times 100) + 32$$

$$F = 180 + 32 = 212$$

La temperatura de ebullición según la escala Fahrenheit es de 212°F.

RASCACABEZAS 21

Lee los problemas. Planea una estrategia en la que puedas usar razones y proporciones, o bien emplear fórmulas. Usa las tablas de medidas para ayudarte. Realiza el plan y verifica tu trabajo.

1. El hombre más alto del mundo fue Robert Wadlow, con una altura de 272 centímetros. ¿Cuál sería su altura en pies?

2. Un grifo que gotea puede derrochar unos 20 galones de agua por semana. ¿Cuántos litros de agua se derrocharían en dos semanas?

3. El peso oficial máximo permitido a una pelota de golf es de 1,61 onzas. El peso oficial máximo de una pelota de tenis es de 2,06 onzas. ¿Cuántas más pelotas de golf que pelotas de tenis se necesitarían para alcanzar un peso total de una libra?

4. En Tokio, el promedio de la temperatura diaria máxima para enero es de 49,1° Fahrenheit. Encuentra esta temperatura en grados Celsius.

5. Las uñas crecen un promedio de 0,004 de pulgada cada día. Si tú no te cortaras las uñas, ¿qué largo tendrían éstas en un año no bisiesto?

6. La receta para unas galletas requiere $2\frac{1}{4}$ tazas de harina, obteniéndose de ellas 5 docenas de galletas. Si la receta fuera aumentada para producir 160 galletas, ¿cuántas tazas de harina se necesitarían?

7. ¿Qué camino de la escuela a la biblioteca es de 2,5 millas?

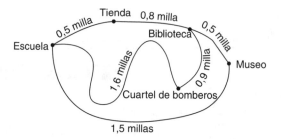

8. ¿Qué camino es el más corto?

9. El aro de un cesto de baloncesto está a una altura de 10 pies. ¿A qué altura está en metros?

(Las respuestas están en la página 231).

Esta nueva fórmula geométrica
teorema de Pitágoras se llama,
cuando lo estudies y comprendas
verás por qué tiene tanta fama.

LOS TRIÁNGULOS Y EL TEOREMA DE PITÁGORAS

El *teorema de Pitágoras* se emplea para
encontrar el largo de un lado de un
triángulo recto cuando se conocen los
largos de dos de los lados. Este teorema
tiene muchos usos. Puede emplearse
para encontrar la distancia entre las ciudades en un mapa, la altura de un edifi-

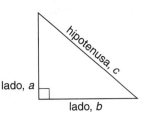

cio según sea la distancia de su sombra, la diagonal de un
rectángulo y muchos otros tipos de problemas. El lado más largo
de un triángulo recto se llama *hipotenusa*.

El teorema de Pitágoras declara que la suma de los cuadrados
construidos sobre los lados más pequeños del triángulo recto
son iguales al cuadrado construido sobre la hipotenusa del triángulo recto. Si a y b representan el largo de los lados más pequeños y c representa el largo de la hipotenusa, el teorema de
Pitágoras puede escribirse como sigue:

$$a^2 + b^2 = c^2$$

Tú puedes "ver" el teorema de Pitágoras en el diagrama a la
derecha. Se han dibujado cuadrados en cada uno de los tres lados.
Los largos de los lados más pequeños son de 3 y 4 unidades. El largo
de la hipotenusa es de 5 unidades.

La superficie del cuadrado A es de 4
unidades × 4 unidades = 16 unidades
cuadradas.

La superficie del cuadrado B es de 3
unidades × 3 unidades = 9 unidades
cuadradas.

La superficie del cuadrado C es de 5
unidades × 5 unidades = 25 unidades
cuadradas.

$$a^2 + b^2 = 16 + 9 = 25 = c^2$$

EJEMPLO:

Playa arenosa se encuentra 6 millas al este de Playa pedregosa.

Playa salada se encuentra 8 millas al norte de Playa pedregosa.

¿Cuál es la distancia directa de Playa arenosa a Playa salada?

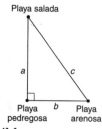

Dibuja un diagrama, lo más próximo a escala posible.

Como las distancias este-oeste y norte-sur crean un ángulo recto, se obtiene un triángulo recto. El lado $a = 8$ millas, el lado $b = 6$ millas y el lado $c = $ desconocido. Usa el teorema de Pitágoras.

$$a^2 + b^2 = c^2$$

$$(8 \times 8) + (6 \times 6) = c^2$$

$$64 + 36 = c^2$$

$$100 = c^2$$

Encuentra la raíz cuadrada de 100. La raíz cuadrada de 100 es 10, puesto que $10 \times 10 = 100$.

Hay 10 millas de Playa arenosa a Playa salada.

EJEMPLO:

Un jardín rectangular mide 5 pies por 12 pies. Encuentra el largo de su diagonal.

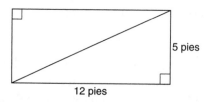

¡Haz un dibujo! La diagonal de un rectángulo lo corta en dos mitades congruentes. Cada mitad es un triángulo recto.

Usa el teorema de Pitágoras.

$$a^2 + b^2 = c^2$$

$$(5 \times 5) + (12 \times 12) = c^2$$

$$25 + 144 = c^2$$

$$169 = c^2$$

La raíz cuadrada de 169 es 13, puesto que $13 \times 13 = 169$.

La diagonal tiene un largo de 13 pies.

NOTA MATEMÁTICA

Cuando uses el teorema de Pitágoras, cualquiera de los lados más cortos puede llamarse lado a o lado b. La hipotenusa, sim embargo, siempre debe llamarse lado c.

Unos pocos problemas más
y habrás terminado,
tu mente contenta y en paz
por haber triunfado.

RASCACABEZAS 22

1. Una señal de tráfico tiene 8 pies de alto y proyecta una sombra de 6 pies de largo. Encuentra la distancia desde el tope de la señal hasta el final de la sombra.

2. Una escalera está apoyada sobre una pared de modo que su extremo superior está a 12 pies de alto. Si la distancia en el suelo, desde el extremo inferior de la escala hasta la pared es de 5 pies, ¿cuál es el largo de la escalera?

3. La tapa de una caja rectangular es de 24 por 7 pulgadas y tiene una cinta que la cruza de una esquina a otra. ¿Qué largo debiera tener esta cinta si ha de cubrir exactamente el tope de la caja, sin sobrar nada?

4. Después de viajar 9 millas al sur y luego 12 millas al oeste, Zulema se preguntó cuál sería la distancia más corta para volver a su punto de partida.

5. Isaac viajó desde su casa 24 millas hacia el este y luego 10 millas hacia el norte hasta llegar al trabajo. ¿Cuál es la distancia más corta para volver a su casa?

(Las respuestas están en la página 234).

RASCACABEZAS–RESPUESTAS

Rascacabezas 20, página 215

1. Puedes identificar cada parte del signo tal como aparece en el dibujo.
Cuenta los pequeños triángulos que forman parte del signo: A, B, C, D, E y F (seis triángulos).
Luego cuenta los triángulos más grandes que resultan de la combinación de los triángulos AB, DE, AD y BE (cuatro triángulos).

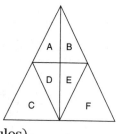

Pero también hay triángulos formados por la combinación de los triángulos ADC y BEF (dos triángulos).
No hay triángulos formados por cuatro o cinco triángulos más pequeños.
Pero no olvides al triángulo principal: el que hace a todo el signo (un triángulo).
Así, hay $6 + 4 + 2 + 1 = 13$ triángulos.
Por eso, hay 13 miembros en el club.

2. Dibuja un rectángulo de 109,7 metros de largo y A de ancho.

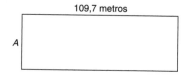

109,7 metros

A

$$P \text{ (Perímetro)} = L + L + A + A$$
$$317 = 2 \times L + 2 \times A$$
$$317 - (2 \times 109{,}7) = 2 \times A$$
$$317 - 219{,}4 = 2 \times A$$
$$97{,}6 = 2 \times A$$
$$97{,}6 \div 2 = A$$
$$A = 48{,}8$$

El ancho del rectángulo es de 48,8 metros.

3. La distancia alrededor de la pista es su circunferencia (C).

$$C = \pi \times d \approx 3{,}14 \times 80 \text{ yardas} = 251{,}2 \text{ yardas}$$

La distancia total corrida por cada equipo es de unas 251,2 × 4 corredores por equipo = 1.004,8 yardas.

4. Dibuja un triángulo con una base de 18 pulgadas, dos lados de 15 pulgadas cada uno, y una altura de 12 pulgadas. La superficie de un triángulo (S) es $\frac{1}{2} \times$ (base × altura).

$$S = \frac{1}{2} \times (18 \times 12) = \frac{1}{2} \times 216 = 108 \text{ pulg}^2$$

500 pulg^2 de tela ÷ 108 pulg^2 por cometa = 4,63 cometas

Como no puedes fabricar parte de una cometa, sólo cuatro cometas pueden hacerse.

5. Un cuadrado tiene cuatro lados congruentes, un hexágono regular tiene seis lados congruentes y un triángulo equilátero tiene tres lados congruentes.
Con una cinta de 12 pulgadas de largo, el marco cuadrado tiene 12 pulgadas ÷ 4 = 3 pulgadas por lado.
El marco hexagonal tiene 12 pulgadas ÷ 6 = 2 pulgadas por lado.
El marco en forma de triángulo equilátero tiene 12 pulgadas ÷ 3 = 4 pulgadas por lado.

6. La punta del segundero recorre la circunferencia de un círculo en un minuto. El radio del círculo es el largo del segundero. La circunferencia de un círculo con radio conocido es $2 \times \pi \times r$.

$$C \approx 2 \times 3{,}14 \times 6 \text{ pulgadas} = 37{,}68 \text{ pulgadas}$$

En un minuto, la punta del segundero recorre una distancia de unas 37,68 pulgadas.

7. Las cuentas forman la circunferencia de la pulsera.

$$C = \pi \times d = 3{,}14 \times 4 \text{ pulgadas} = 12{,}56 \text{ pulgadas}$$

Como cada cuenta tiene 0,5 pulgada de largo, 12,56 pulgadas ÷ 0,5 pulgada = 25,12. Como no puede usarse una fracción de una cuenta, puedes usar 25 cuentas y tener una pulsera ligeramente más estrecha, o usar 26 cuentas y tener una pulsera más holgada.

8. Correr alrededor de una cancha de béisbol significa recorrer su perímetro. El perímetro de una cancha para niños es de 60 pies × 4 = 240 pies. El perímetro de una cancha de adultos es de 90 pies × 4 = 360 pies. Haz una tabla para encontrar la respuesta.

	Cancha para Niños			Cancha de Adultos	
Carreras alrededor de las bases	1	2	3	1	2
Distancia total	240	480	720	360	720

Si un niño corre alrededor de su cancha tres veces y el adulto lo hace por la suya dos veces, sus distancias totales serán las mismas.

9. La superficie de la parte de madera que se ve después de colocarse la foto encima del marco es igual a la superficie del marco entero menos la superficie de la foto.

Superficie del marco = 6 pulg × 10 pulg = 60 pulg^2
Superficie de la foto = 3,5 pulg × 5 pulg = 17,5 pulg^2

Resta: 60 pulg^2 – 17,5 pulg^2 = 42,5 pulg^2
La superficie de la parte de madera del marco es de 42,5 pulgadas cuadradas.

10. El faro se encuentra en el centro de un círculo cuyo radio es la distancia del haz visible. La superficie de un círculo es $S = \pi \times r^2$.

$$S \approx 3,14 \times 2 \text{ millas} \times 2 \text{ millas} = 12,56 \text{ millas}^2$$

La superficie abarcada por el haz es de 12,56 millas cuadradas.

11. a. Una manera de encontrar la superficie cubierta por el rojo consiste en encontrar la superficie total del diseño y restar la superficie del azul.
Superficie del diseño A: S = 6 pulg × 6 pulg = 36 pulg^2
Superficie del azul (parte circular) del diseño A:
$S \approx 3,14 \times 3$ pulg × 3 pulg = 28,26 pulg^2
Superficie del rojo del diseño A: $S \approx$ 36 pulg^2 – 28,26 pulg^2 = 7,74 pulg^2
Superficie del diseño B: S = 6 pulg × 6 pulg = 36 pulg^2
Superficie del azul (parte triangular) del diseño B:
$S = \frac{1}{2} \times$ (base × altura) = $\frac{1}{2} \times$ (6 pulg × 6 pulg) = 18 pulg^2
Superficie del rojo del diseño B:
S = 36 pulg^2 – 18 pulg^2 = 18 pulg^2.
Como 7,74 es menos que 18, el diseño A requerirá menos pintura roja que el diseño B.

   b. 18 pulg^2 – 7,74 pulg^2 = 25,74 pulg^2
El diseño A necesitará 25,74 pulgadas cuadradas menos de pintura roja que el diseño B.

12. La superficie de un rectángulo es su largo multiplicado por su ancho. Haz una lista para encontrar dos números enteros cuyo producto sea 200.

Ancho	Largo
1	200
2	100
4	50
5	40
8	25
10	20

Es posible diseñar seis patios con una superficie de 200 pies cuadrados.

13. Dibuja todas las conexiones posibles de cuatro cuadrados juntos. Cada cuadrado debe compartir por lo menos un lado entero con otro cuadrado. Pon una x al lado de cada lado expuesto.

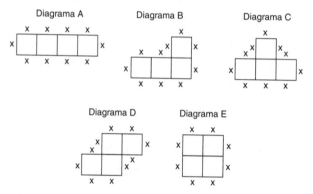

Cuenta las x. Las colocaciones de mesas mostradas por los diagramas A, B, C y D sentarán a diez personas. La colocación de mesas en el diagrama E sentará a ocho personas.

a. El mínimo número de personas que pueden sentarse es ocho.

b. El máximo número de personas que pueden sentarse es diez.

14. a. Aprovecha el dibujo y coloca una x a cada lado expuesto de los tres cuadrados. Hay ocho x, o bien, ocho partes iguales cuya suma representa un perímetro de 24 centímetros. Cada cuadrado debe medir 24 centímetros ÷ 8 = 3 centímetros por lado. Cada cuadrado tiene una superficie de 3 centímetros × 3 centímetros = 9 centímetros cuadrados.

b. El largo del rectángulo es de 3 centímetros + 3 centímetros + 3 centímetros = 9 centímetros. Su ancho es de 3 centímetros. La superficie es de 9 centímetros × 3 centímetros = 27 centímetros cuadrados.

15. Aquí debes trabajar al revés. El nuevo cuadrado posee un perímetro de 36 centímetros. Así, cada lado mide 36 centí-metros ÷ 4 = 9 centímetros. Como cada lado se *aumentó* en 5 centímetros, debes *disminuir* cada nuevo lado para en-contrar el largo de un lado del cuadrado original.

$$9 \text{ cm} - 5 \text{ cm} = 4 \text{ cm}$$

El largo de un lado del cuadrado original era de 4 centímetros.

16. Trabaja al revés de nuevo. Un cuadrado que posee una su-perficie de 49 pulgadas cuadradas debe tener un lado cuyo largo, cuando se multiplica por sí mismo, resulta en una super-ficie de 49 pulgadas cuadradas. Como 7×7 es igual a 49, el nuevo cuadrado posee un lado cuyo largo es de 7 pulgadas. El nuevo cuadrado tiene 3 pulgadas menos en cada lado. Por eso, suma 3 pulgadas a cada lado para encontrar el largo del lado del cuadrado original.

$$7 \text{ pulg} + 3 \text{ pulg} = 10 \text{ pulg}$$

La superficie del cuadrado original es de 10 pulgadas $\times$ 10 pulgadas = 100 pulgadas cuadradas.

Rascacabezas 21, página 221

1. Usa una proporción para cambiar centímetros a pulgadas. Mira la tabla de conversiones y verás que una pulgada equivalga a 2,54 centímetros. Que p equivalga a la altura en pulgadas del Sr. Ludlow.

$$\frac{1 \text{ pulgada}}{2{,}54 \text{ centímetros}} = \frac{p \text{ pulgadas}}{272 \text{ centímetros}}$$

Multiplica en cruzado.

$$272 = 2{,}54 \times p$$

Divide ambos lados de la ecuación por 2,54.

$$272 \div 2{,}54 = p$$

$$p \approx 107{,}09 \text{ pulg}$$

Ahora cambia el número de pulgadas a pies.

107,09 pulgadas ÷ 12 pulgadas por pie ≈ 8,9 pies

Robert Wadlow tenía unos 8,9 pies de altura, es decir, casi 9 pies.

2. Mira la tabla de conversiones: 1 galón es igual a 3,785 litros. Usa una proporción para convertir galones a litros. Que L represente el número de litros derrochados en una semana.

$$\frac{1 \text{ galón}}{3,785 \text{ litros}} = \frac{20 \text{ galones}}{L \text{ litros}}$$

Multiplica en cruzado:

$$L = 3,785 \times 20 = 75,7 \text{ litros por semana}$$

Como 75,7 litros de agua se derrochan cada semana, $2 \times 75,7 = 151,4$ litros de agua se derrochan en dos semanas.

3. Hay 16 onzas en una libra. Por lo tanto, hay 16 onzas ÷ 1,61 onzas ≈ 9,9 pelotas de golf por libra. De este modo, hay unas 10 pelotas de golf en una libra de pelotas de golf. Con las pelotas de tenis, 16 onzas ÷ 2,06 onzas ≈ 7,8 pelotas de tenis. Hay unas 8 pelotas de tenis en una libra de pelotas de tenis. Hay unas 10 – 8 = 2 más pelotas de golf en una libra que pelotas de tenis en una libra.

4. Para convertir grados Fahrenheit a grados Celsius, usa la fórmula que aparece en la página 218.

$$C = (F - 32) \div 1,8$$

$$C = (49,1 - 32) \div 1,8$$

$$C = 17,1 \div 1,8 = 9,5° \text{ Celsius}$$

El promedio de la temperatura diaria máxima para enero en Tokio es de 9,5° Celsius.

5. Un año no bisiesto tiene 365 días. Creciendo 0,004 de pulgada cada día, tus uñas crecerían 365 días × 0,004 pulgada diaria = 1,46 pulgadas en un año.

6. Cambia 5 docenas de galletas a 5×12 galletas por docena = 60 galletas.

   Usa una proporción. Que t represente el número de tazas de harina en 160 galletas.

   $$\frac{2\frac{1}{4}\text{ tazas}}{60\text{ galletas}} = \frac{t\text{ tazas}}{160\text{ galletas}}$$

   Multiplica en cruzado.

   $$2\frac{1}{4} \times 160 = 60 \times t$$

   $$\frac{9}{{}_1\!\!\cancel{4}} \times \frac{\cancel{160}^{40}}{1} = 60 \times t$$

   $$360 = 60 \times t$$

   Para hacer 160 galletas, se necesitan 6 tazas de harina.

7. Calcula todos los caminos. El camino que mide 2,5 millas va de la escuela al cuartel de bomberos (1,6 millas) y luego a la biblioteca (0,9 milla): $1,6 + 0,9 = 2,5$ millas.

8. Verificando los otros caminos del mapa, vemos que el camino más corto va de la escuela a la tienda (0,5 milla) y después a la biblioteca (0,8 milla): $0,5 + 0,8 = 1,3$ millas.

9. Estudia la tabla de conversiones y encontrarás que un metro es igual a 39,37 pulgadas. Cambia 10 pies a pulgadas: 10 pies $\times$ 12 pulgadas por pie = 120 pulgadas.

   Usa una proporción. Que m represente la altura del aro en metros.

   $$\frac{1\text{ metro}}{39,37\text{ pulgadas}} = \frac{m\text{ metros}}{120\text{ pulgadas}}$$

   Multiplica en cruzado.

   $$120 = 39,37 \times m$$

   Divide ambos lados de la ecuación por 39,37.

$$120 \div 39{,}37 \approx 3{,}05 \text{ metros}$$

El aro está a unos 3,05 metros del suelo.

Rascacabezas 22, página 225

1. La hipotenusa c (señal de tráfico hasta la sombra) se desconoce.
   Los lados a y b tienen 6 y 8 pies de largo (en cualquier orden).
   Usa el teorema de Pitágoras.

   $$a^2 + b^2 = c^2$$

   $$6^2 + 8^2 = c^2$$

   $$36 + 64 = c^2$$

   $$c^2 = 100$$

   Como $10 \times 10 = 100$, $c = 10$ pies.
   La distancia desde el tope de la señal hasta el final de la sombra es de 10 pies.

2. Haz un dibujo. La escalera forma la hipotenusa c. Los lados a y b tienen 12 y 5 pies.
   Usa el teorema de Pitágoras.

   $$a^2 + b^2 = c^2$$

   $$5^2 + 12^2 = c^2$$

   $$25 + 144 = c^2$$

   $$c^2 = 169$$

   Como $13 \times 13 = 169$, $c = 13$ pies.
   La escalera tiene un largo de 13 pies.

3. Dibuja el tope de una caja rectangular.

   La cinta cruza en diagonal el tope, conviertiéndose en la hipotenusa de un triángulo recto.

Usa el teorema de Pitágoras.

$$a^2 + b^2 = c^2$$

$$7^2 + 24^2 = c^2$$

$$49 + 576 = c^2$$

$$c^2 = 625$$

Como $25 \times 25 = 625$, $c = 25$ pulgadas.
La cinta debiera tener 25 pulgadas.

4. Haz un dibujo.
    Usa el teorema de Pitágoras.

    $$a^2 + b^2 = c^2$$

    $$9^2 + 12^2 = c^2$$

    $$81 + 144 = c^2$$

    $$c^2 = 225$$

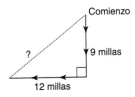

Como $15 \times 15 = 225$, $c = 15$ millas.
La distancia más corta era de 15 millas.

5. Haz un dibujo.
    Usa el teorema de Pitágoras.

    $$a^2 + b^2 = c^2$$

    $$24^2 + 10^2 = c^2$$

    $$576 + 100 = c^2$$

    $$c^2 = 676$$

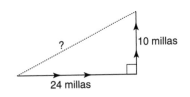

Como $26 \times 26 = 676$, $c = 26$.

La distancia más corta del trabajo de Isaac hasta su casa es
de 26 millas.

CAPÍTULO OCHO

Ecuaciones entretenidas y un poco de álgebra

Aquí hay variables y ecuaciones
y la última estrategia que verás.
Prepárate para dar las soluciones
y demostrar que eres el más capaz.

ESCRIBE Y RESUELVE ECUACIONES LINEALES PARA RESOLVER PROBLEMAS VERBALES

¿Sabes que ya has resuelto muchos problemas verbales alge-braicos entre el segundo y séptimo capítulo? Un problema resuelto con una ecuación es un problema de álgebra. Lo que se desconoce en el problema se expresa como una *variable* en la ecuación. Los problemas de álgebra pueden resolverse suponiendo y luego verificando tu suposición, creando una lista, haciendo un dibujo o resolviendo ecuaciones. En este capítulo nos concentraremos en resolver ecuaciones lineales de maneras que aún desconoces. Sería ahora una buena idea repasar los cuatro pasos para la solución de problemas verbales de Polya para aplicarlos específicamente a la solución de ecuaciones necesarias para resolver problemas de todo tipo.

NOTA MATEMÁTICA

Una ecuación lineal es una ecuación en que el número desconocido (o los números desconocidos) no está ele-vado a potencia. Los siguientes son ejemplos de ecua-ciones lineales: $3x + 5 = 14$ y $2A + B = 10$. La ecuación $5x^2 + 60 = 185$ no es una ecuación lineal. Nota que la ausencia de un signo operacional entre un número y un símbolo indica que la operación que debe emplearse es la multiplicación. Así, $3x$ es una forma abreviada de $3 \times x$. Cuando un número no aparece al frente de una variable, debe entenderse que un 1 está presente: $s = 1s = 1 \times s$.

Los cuatro pasos de Polya: un plan indoloro para las ecuaciones

Paso 1: Comprende el problema.

Lee el problema cuidadosamente y hazte las preguntas siguientes.

¿De qué trata el problema?

¿Qué es lo que se desconoce?

¿Hay suficiente información para resolver el problema?

¿Implica el problema que debe emplearse la suma, la resta, la multiplicación o la división?

Paso 2: Planea una estrategia.

Selecciona una letra o un símbolo que represente el número desconocido. (La letra o el símbolo es la variable. ¡Puedes pretender que la variable es un número misterioso!)

Escribe una ecuación empleando esa letra o símbolo, los números que se te den, las operaciones que has identificado y los símbolos matemáticos.

Paso 3: Realiza el plan.

Trabaja al revés para encontrar la cantidad desconocida. Trabajar al revés significa que debes invertir el orden de las operaciones y usar operaciones inversas. (Repasa el Capítulo Dos para ayudarte con las operaciones inversas y la estrategia de trabajar al revés).

Paso 4: Verifica tu trabajo.

Una vez que hayas encontrado la respuesta, substitúyela en la ecuación *original*. Realiza todos los cálculos. Si ambos lados de la ecuación resultante son iguales, la respuesta está correcta. Si tu respuesta es distinta, resuelve el problema de nuevo.

Sigue el plan cuidadosamente
y comprenderás
que para resolver una ecuación
eres muy capaz.

EJEMPLO:

Carlos compró 12 tarjetas de béisbol y ahora tiene 349 tarjetas en su colección. ¿Cuántas tarjetas tenía antes de hacer su nueva compra?

Paso 1: Comprende el problema.

Lee el problema cuidadosamente y hazte las preguntas siguientes.

¿De qué trata el problema? De la colección de tarjetas de béisbol de Carlos.

¿Qué es lo que se desconoce? Cuántas tarjetas tenía Carlos antes de comprar 12 más.

¿Hay suficiente información para resolver el problema? Sí. Sabemos cuántas tarjetas compró y cuántas tiene ahora.

¿Sugiere la situación en este problema que la operación ha de ser una suma, resta, multiplicación o división? Como "compró" sugiere añadir nuevas tarjetas a otras que ya tenía, la suma está implícita.

Paso 2: Planea una estrategia.

Elige una letra o un símbolo que represente el número de tarjetas que Carlos tenía antes de comprar 12 tarjetas más. Que t represente el número original de tarjetas.

Escribe una ecuación con una variable, los números que se te han dado, las operaciones que has identificado y los símbolos matemáticos: $t + 12 = 349$.

Paso 3: Realiza el plan.

La ecuación a resolver es $t + 12 = 349$.

Hay una sola operación que realizar, la suma.

La operación inversa de la suma es la resta.

Resta 12 de ambos lados de la ecuación.

$$t + 12 - 12 = 349 - 12$$

$$t + 0 = 337$$

$$t = 337$$

Carlos tenía 337 tarjetas en su colección.

Paso 4: Verifica tu trabajo.

Substituye la cantidad desconocida por el valor que has encontrado. Esto debiera resultar en una igualdad.

$$t + 12 \overset{?}{=} 349$$

$$337 + 12 \overset{?}{=} 349$$

$$349 = 349 \quad \checkmark$$

EL MODELO DE LA BALANZA EQUILIBRADA

El *modelo de la balanza equilibrada* puede ilustrar la búsqueda requerida para solucionar una ecuación lineal. Observa las ilustraciones a la derecha. Para que la balanza se mantenga equilibrada, lo que se hace en un lado también debe hacerse en el otro. Del mismo modo, cuando resuelvas una ecuación, lo que hagas en un lado de la ecuación deberás hacerlo en el

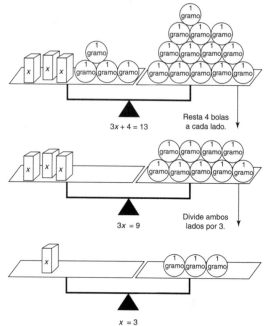

otro lado para así mantener la igualdad. Cuando trabajes con ecuaciones lineales, puedes realizar las operaciones siguientes.

a. Suma el mismo número en ambos lados de la ecuación.
b. Resta el mismo número a ambos lados de la ecuación.
c. Multiplica ambos lados por el mismo número (que no sea cero).
d. Divide ambos lados de la ecuación por el mismo número (que no sea cero).

EJEMPLO:

La edad de Mauricio es el doble de la edad de Silvia más cuatro años. Mauricio tiene 16 años. Encuentra la edad de Silvia.

Paso 1: Comprende el problema.

Lee el problema con atención y hazte las preguntas siguientes.

¿De qué trata el problema? De las edades de Mauricio y Silvia.

¿Qué es lo que se desconoce? La edad de Silvia.

¿Hay suficiente información para solucionar el problema? Sí. Conocemos la relación entre la edad de Silvia y la edad de Mauricio, y conocemos la edad de Mauricio. ¿Implica la situación de este problema que la operación a realizarse debe ser la suma, resta, multiplicación o división? "El doble" implica multiplicación; "más" implica suma.

Paso 2: Planea una estrategia. Elige una letra o un símbolo que represente la edad de Silvia. Que s represente la edad de Silvia. Escribe una ecuación que contenga la variable, los números

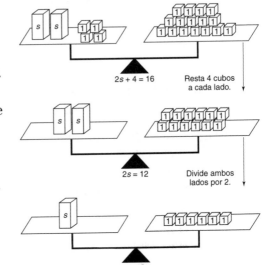

dados, las operaciones que has identificado, y los símbolos matemáticos: $2s + 4 = 16$. (Nota que $2s$ significa lo mismo que $2 \times s$).

Paso 3: Realiza el plan.
La ecuación que debes resolver es $2s + 4 = 16$.
Trabaja al revés. El último cálculo realizado es la suma.
La operación inversa a la suma es la resta.
Resta 4 a ambos lados de la ecuación.

$$2s + 4 - 4 = 16 - 4$$
$$2s + 0 = 12$$
$$2s = 12$$

La operación inversa a la multiplicación es la división.
Divide ambos lados de la ecuación por 2.

$$2s \div 2 = 12 \div 2$$
$$s = 6$$

Silvia tiene seis años de edad.

Paso 4: Verifica tu trabajo.

Substituye en la ecuación original la cantidad desconocida por el valor que has encontrado. Esto debiera resultar en una igualdad.

$$2s + 4 \overset{?}{=} 16$$

$$2 \times 6 + 4 \overset{?}{=} 16$$

$$12 + 4 \overset{?}{=} 16$$

$$16 = 16 \quad \checkmark$$

EJEMPLO:

El doble de la edad de Domingo más uno es igual a tres veces su edad menos cuatro. ¿Cuál es la edad actual de Domingo?

Paso 1: Comprende el problema.

Lee el problema atentamente y hazte las preguntas siguientes.

¿De qué trata el problema? De la edad de Domingo.

¿Qué es lo que se desconoce? La edad actual de Domingo.

¿Hay suficiente información para resolver el problema? Sí. Conocemos dos condiciones de igualdad relativas a la edad de Domingo.

¿Implica la situación de este problema que ha de emplearse la suma, resta, multiplicación o división? "El doble" y "tres veces" implican multiplicación; "más" implica suma y "menos" implica resta.

Paso 2: Planea una estrategia.

Elige una letra o un símbolo que represente la edad de Domingo. Que d represente la edad de Domingo. Escribe una ecuación que contenga una variable, los números dados, las operaciones que has identificado y los símbolos matemáticos: $2d + 1 = 3d - 4$.

Paso 3: Realiza el plan.

La ecuación que debe resolverse es $2d + 1 = 3d - 4$. Observa que hay variables a ambos lados de la ecuación. Haz un plan que te permita mover todas las variables a un lado de la ecuación y todos los números al otro lado de la ecuación.

Resta $2d$ a ambos lados de la ecuación.

$$2d + 1 - 2d = 3d - 4 - 2d$$
$$1 = d - 4$$

Suma 4 a ambos lados de la ecuación.

$$1 + 4 = d - 4 + 4$$
$$5 = d$$
$$d = 5$$

Domingo tiene cinco años de edad.

Paso 4: Verifica tu trabajo.

Substituye en la ecuación original la cantidad desconocida por el valor que has encontrado. Esto debiera resultar en una igualdad.

$$2d + 1 \overset{?}{=} 3d - 4$$
$$2 \times 5 + 1 \overset{?}{=} 3 \times 5 - 4$$
$$10 + 1 \overset{?}{=} 15 - 4$$
$$11 = 11 \quad \checkmark$$

NOTA MATEMÁTICA

Cuando hay variables y números en ambos lados de una ecuación, lleva a cabo un plan que te permita lograr una ecuación con las variables en un lado y los números en el otro lado. En el ejemplo previo, los números fueron movidos al lado izquierdo y la variable al lado derecho. Tratándose de una igualdad, el lado izquierdo de la ecuación puede intercambiarse con el derecho.

EJEMPLO:

La suma de un número par y el número par consecutivo siguiente es 54. Encuentra al más pequeño de los números pares consecutivos.

Paso 1: Comprende el problema.

Lee el problema cuidadosamente y hazte las siguientes preguntas:

¿De qué trata el problema? De la suma de dos números pares consecutivos.

¿Qué es lo que se desconoce? El más pequeño de los dos números pares.

¿Hay suficiente información para resolver el problema? Sí. Sabemos que los números pares consecutivos se diferencian por dos y conocemos el valor de la suma de los dos números pares consecutivos.

¿Implica la situación de este problema que debe emplearse una suma, resta, multiplicación o división? "La suma" no deja lugar a dudas sobre la operación que debe hacerse.

Paso 2: Planea una estrategia.

Elige una letra o un símbolo que represente al más pequeño de los dos números pares. Que $p + 2$ represente el siguiente número par. Escribe una ecuación que incluya la variable, los números dados, las operaciones que has identificado y los símbolos matemáticos: $p + (p + 2) = 54$.

Paso 3: Realiza el plan.

La ecuación que debe resolverse es $p + (p + 2) = 54$

$$p + (p + 2) = 54$$

$$(p + p) + 2 = 54$$

$$2p + 2 = 54$$

Resta 2 a ambos lados de la ecuación.

$$2p + 2 - 2 = 54 - 2$$

$$2p = 52$$

Divide ambos lados de la ecuación por 2.

$$2p \div 2 = 52 \div 2$$

$$p = 26 \text{ y, por eso, } p + 2 = 28$$

El más pequeño de los dos números pares consecutivos es 26.

Paso 4: Verifica tu trabajo.

Substituye en la ecuación original la cantidad desconocida por el valor que has encontrado. Esto debiera resultar en una igualdad.

$$p + (p + 2) \overset{?}{=} 54$$
$$26 + (26 + 2) \overset{?}{=} 54$$
$$26 + 28 \overset{?}{=} 54$$
$$54 = 54 \quad \checkmark$$

NOTA MATEMÁTICA

A veces los problemas de álgebra requieren encontrar números *consecutivos*, es decir, números que se siguen directamente unos a otros. Como los números enteros se siguen de a uno a medida que se van contando (1, 2, 3, 4, etc.), las variables para los números enteros consecutivos son x y $x + 1$. Como los números pares e impares se siguen de a dos a medida que se van contando (0, 2, 4, 6, etc. o bien 1, 3, 5, 7, etc.), las variables para los números pares o impares consecutivos son x y $x + 2$.

RASCACABEZAS 23

Lee atentamente cada problema. Elige una letra o un símbolo para representar la cantidad desconocida. Escribe una ecuación que contenga la letra o el símbolo, los números dados, las operaciones que has identificado y los símbolos matemáticos. Luego resuelve la ecuación y verifica tu trabajo.

Al terminar cada problema, encontrarás una letra. Coloca esa letra en la línea que corresponde a la respuesta numérica al problema en el código de respuestas que encontrarás al final de este grupo de problemas. Cuando hayas completado el código de respuestas, verás la respuesta a la pregunta siguiente:

¿Quién inventó las hojuelas de papas fritas?

1. Sergio dio $129 de su sueldo mensual a una sociedad benéfica. Si le quedaron $2.479, ¿cuál es su sueldo mensual? (O)

2. Diego hizo 138 golpes de bate en toda la temporada, logrando así 19 golpes más que en la temporada pasada. ¿Cuántos golpes hizo en la temporada pasada? (R)

3. Este año María plantó cuatro más que el doble de las plantas de tomate que plantó el año pasado. Este año María plantó un total de 88 plantas de tomate. ¿Cuántas plantas plantó el año pasado? (E)

4. Los alumnos de séptimo grado que fueron al paseo escolar se dividieron en cuatro grupos iguales para viajar en cuatro autobuses. Doce de los alumnos que están en el séptimo grado no fueron al paseo escolar. En cada autobús hubo un total de 38 alumnos. ¿Cuántos alumnos hay en el séptimo grado? (U)

5. La suma de un número entero y el siguiente número entero consecutivo es 37. Encuentra al más pequeño de los dos números. (G)

6. La suma de un número impar y el siguiente número impar consecutivo es 24. Encuentra al más grande de los dos números. (G)

7. El número de estudiantes en la escuela Miguel Carrera es cinco menos que cuatro veces el número de estudiantes en la escuela Simón Bolívar. La escuela Miguel Carrera tiene 491 alumnos. ¿Cuántos estudiantes tiene la escuela Simón Bolívar? (M)

8. En siete años más, Josefa tendrá el doble de la edad actual de su hermano. Su hermano tiene 14 años. ¿Qué edad tiene Josefa ahora? (R).

9. Hugo prepara su presupuesto dividiendo su salario mensual en cuatro partes iguales. Cada mes, Hugo ahorra $50 menos que una de las partes iguales. Cada mes, Hugo ahorra $605. ¿Cuál es el salario mensual de Hugo? (C).

10. Estoy pensando en un número misterioso. Tres más que seis veces ese número es igual a tres veces ese número más nueve. ¿Cuál es ese número misterioso? (E)

Código de respuestas ＿＿＿ ＿＿＿ ＿＿＿ ＿＿＿ ＿＿＿ ＿＿＿

| 18 | 2 | 2.608 | 21 | 13 | 42 |

＿＿＿ ＿＿＿ ＿＿＿ ＿＿＿ inventó las hojuelas de papas fritas.

| 2.620 | 119 | 164 | 124 |

(Las respuestas están en la página 254).

RESUELVE PROBLEMAS VERBALES RESOLVIENDO DOS ECUACIONES LINEALES

A veces hay dos cantidades desconocidas en un problema. En tales casos se necesitan dos ecuaciones para encontrar la solución. A cada cantidad desconocida se asigna una variable y luego se escriben dos ecuaciones que contengan las variables, los números dados, las operaciones que sugiere la lógica y los símbolos matemáticos. Para resolver semejante problema, debes primero aprender a resolver dos ecuaciones con dos cantidades desconocidas.

*Pero ten la seguridad ahora
de que la doble ecuación será indolora.
El álgebra es fácil de comprender,
sigue los Pasos, ¡y la puedes resolver!*

EJEMPLO:
Demetrio compró un CD y una toalla. Sin incluir el impuesto de compraventa, el precio total fue de $20. El CD costó $10 más que la toalla. Encuentra el precio de cada artículo.

Paso 1: Comprende el problema.

Lee el problema atentamente y hazte las preguntas siguientes.

¿De qué trata el problema? De los precios de un CD y una toalla.

¿Qué es lo que se desconoce? El precio del CD y el precio de la toalla.

¿Hay información suficiente para resolver el problema? Sí. Conocemos el precio total de los dos artículos y sabemos cuánto más vale el CD que la toalla.

¿Sugiere la situación en este problema que la operación a realizarse ha de ser una suma, resta, multiplicación o división? "Precio total" implica la suma y "más que" también sugiere la suma.

Paso 2: Planea una estrategia.

Elige una letra o un símbolo que represente a cada uno

de estos dos artículos. Que c represente el precio del CD y t represente el precio de la toalla.

Escribe dos ecuaciones empleando las variables, los números dados, las operaciones que has identificado y los símbolos matemáticos.

Ecuación Uno: El precio del CD más el precio de la toalla son $20, de modo que $c + t = 20$.

Ecuación Dos: El CD costó $10 más que la toalla, de modo que $c = 10 + t$.

Paso 3: Realiza el plan.

Hay dos ecuaciones que resolver:

$$c + t = 20 \quad \text{y también}$$

$$c = 10 + t$$

Como sabemos gracias a la Ecuación Dos que c es igual a $10 + t$, substituye c por $10 + t$ en la Ecuación Uno.

$$c + t = 20$$

$$(10 + t) + t = 20$$

$$10 + (t + t) = 20$$

$$10 + 2t = 20$$

Resta 10 a ambos lados de la ecuación.

$$2t + 10 - 10 = 20 - 10$$

$$2t + 0 = 10$$

$$2t = 10$$

Divide cada lado por 2.

$$2t \div 2 = 10 \div 2$$

$$t = 5$$

La toalla costó $5. Para encontrar el precio del CD, substituye t por 5 en la Ecuación Uno.

$$c + 5 = 20$$

Resta 5 a ambos lados de la ecuación.

$$c + 5 - 5 = 20 - 5$$

$$c + 0 = 15$$

$$c = 15$$

La toalla costó $5 y el CD costó $15.

Paso 4: Verifica tu trabajo.

¿Asciende a $20 la suma de los dos precios?

$15 + $5 = $20   ✓

¿Cuesta el CD $10 más que la toalla? $15 − $5 = $10   ✓

EJEMPLO:

En un cine, las palomitas de maíz cuestan $5 menos que el boleto de entrada. El costo total de ambos es de $11. Encuentra el precio del boleto.

Paso 1: Comprende el problema.

Lee el problema cuidadosamente y hazte las siguientes preguntas.

¿De qué trata el problema? De los precios de un boleto de entrada y de palomitas de maíz.

¿Qué es lo que se desconoce? Los precios del boleto de entrada y de las palomitas de maíz.

¿Hay suficiente información para resolver el problema? Sí. Sabemos el precio total de ambos y sabemos cuánto menos valen las palomitas de maíz que el boleto.

¿Sugiere la situación en este problema que debe emplearse una suma, resta, multiplicación o división? "Costo total" implica la suma y "menos que" implica la resta.

Paso 2: Planea una estrategia.

Elige una letra o un símbolo que represente cada uno de los dos artículos. Que p represente el precio de las palomitas y que b represente el precio del boleto de entrada.

Escribe dos ecuaciones que contengan las variables, los números dados, las operaciones que has identificado y los símbolos matemáticos.

Ecuación Uno: El precio de ambos artículos es $11, de este modo, $b + p = 11$.

Ecuación Dos: Las palomitas de maíz cuestan $5 menos que el boleto, de modo que $p = b - 5$.

Paso 3: Realiza el plan.

Hay dos ecuaciones que resolver:

$$b + p = 11 \quad \text{y también}$$

$$p = b - 5$$

Como sabemos, gracias a la Ecuación Dos, que p es igual a $b - 5$, substituye p por $b - 5$ en la Ecuación Uno.

$$b + p = 11$$

$$b + (b - 5) = 11$$

$$(b + b) - 5 = 11$$

$$2b - 5 = 11$$

Suma 5 a ambos lados de la ecuación.

$$2b - 5 + 5 = 11 + 5$$

$$2b + 0 = 16$$

$$2b = 16$$

Divide ambos lados por 2.

$$2b \div 2 = 16 \div 2$$

$$b = 8$$

El boleto vale $8. Para encontrar el precio de las palomitas, substituye b por 8 en la Ecuación Uno.

$$8 + p = 11$$

Resta 8 a ambos lados de la ecuación.

$$8 - 8 + p = 11 - 8$$

$$p = 3$$

El boleto vale $8 y las palomitas de maíz valen $3.

Paso 4: Verifica tu trabajo.

¿Asciende a $11 la suma de los dos precios?

$8 + $3 = $11 ✓

¿Cuestan las palomitas $5 menos que el boleto?

$8 − $5 = $3 ✓

NOTA MATEMÁTICA

Cuando tengas dos ecuaciones, no olvides de traspasar el valor de una variable de una ecuación a otra. Este método se conoce como el *método de la substitución*.

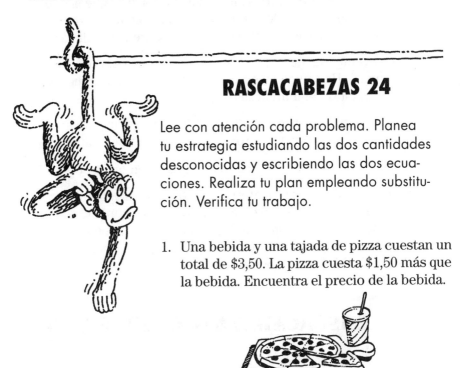

RASCACABEZAS 24

Lee con atención cada problema. Planea tu estrategia estudiando las dos cantidades desconocidas y escribiendo las dos ecuaciones. Realiza tu plan empleando substitución. Verifica tu trabajo.

1. Una bebida y una tajada de pizza cuestan un total de $3,50. La pizza cuesta $1,50 más que la bebida. Encuentra el precio de la bebida.

2. Hay un total de 300 niños y niñas en la escuela. Hay 60 más niñas que niños. ¿Cuántas niñas hay?

3. Catalina tiene tres años más que Beverly. La suma de sus edades es 81. ¿Qué edad tiene Catalina?

4. Carlos es 10 años más joven que Stanley. La suma de sus edades es 90. Encuentra la edad de Carlos.

5. Un par de zapatos cuesta $10 más que un par de zapatillas. Juntando sus precios se llega a un total de $110. Encuentra el precio de las zapatillas.

6. La suma de dos números es 20. Un número es seis más que el otro número. Encuentra el número más grande.

7. La suma de dos números es 35. Un número es cinco menos que el otro número. Encuentra el número más pequeño.

8. El número de calorías en un dulce es 50 más que el doble del número de calorías que tiene una galleta. Entre los dos tienen 350 calorías. ¿Cuántas calorías tiene la galleta?

9. Hay un total de 31 hamburguesas y emparedados en un menú. Hay cinco más emparedados que hamburguesas. ¿Cuántas hamburguesas hay en el menú?

10. La suma de dos números es 37. El número mayor es uno más que el doble del número menor. Encuentra el número menor.

(Las respuestas están en la página 260).

Este capítulo presentó información básica para solucionar problemas lineales con una o dos cantidades desconocidas. Para aprender más sobre la solución de ecuaciones, obtén el libro *Álgebra Sin Dolor* de Lynnette Long, publicado en 2002 por Barron's Educational Series, Inc.

RASCACABEZAS—RESPUESTAS

Rascacabezas 23, página 247

Las variables que tú hayas empleado para resolver estos problemas pueden ser distintas de las que aparecen a continuación. ¡Eso no importa! Basta con que tus respuestas sean iguales a las nuestras.

1. El número desconocido es el sueldo mensual de Sergio. Que *s* corresponda a su sueldo. Su sueldo menos su contribución de $129 a una sociedad benéfica es la cantidad que le queda.

$$s - \$129 = \$2.479$$

Suma 129 a ambos lados de la ecuación.

$$s - 129 + 129 = 2.479 + 129$$

$$s + 0 = 2.608$$

$$s = 2.608$$

El sueldo mensual de Sergio es $2.608.
Pon una O sobre la línea del 2.608.

2. La cantidad desconocida es el número de golpes logrado por Diego en la temporada pasada. Que g represente el número de golpes logrados en la temporada pasada. El número de golpes de la temporada actual es de 19 más que durante la temporada pasada y en la temporada actual logró un total de 138 golpes.

$$g + 19 = 138$$

Resta 19 a ambos lados.

$$g + 19 - 19 = 138 - 19$$

$$g + 0 = 119$$

$$g = 119$$

Diego logró 119 golpes en la temporada pasada.
Pon una R sobre la línea del 119.

3. El número desconocido es la cantidad de plantas de tomate que María plantó el año pasado. Que p represente el número de plantas que plantó el año pasado. Este año ella plantó cuatro más que el doble de las plantas que plantó el año pasado.

$$2p + 4 = 88$$

Resta 4 a ambos lados de la ecuación.

$$2p + 4 - 4 = 88 - 4$$

$$2p + 0 = 84$$

$$2p = 84$$

Divide ambos lados de la ecuación por dos.

$$2p \div 2 = 84 \div 2$$

$$p = 42$$

María plantó 42 plantas de tomate el año pasado.
Pon una E sobre la línea del 42.

4. El número desconocido es el número total de alumnos que hay en el séptimo grado. Que a represente el número total de alumnos. El número de alumnos que fueron al paseo escolar es 12 menos que el número total de alumnos, de modo que $a - 12$ estudiantes fueron al paseo. Estos estudiantes se dividieron en cuatro grupos iguales. Hubo 38 estudiantes en cada grupo.

$$(a - 12) \div 4 = 38$$

Escribe la parte izquierda de la ecuación en forma de fracción.

$$\frac{a - 12}{4} = 38$$

Multiplica ambos lados de la ecuación por 4.

$$\frac{a - 12}{4} \times 4 = 38 \times 4$$

$$\frac{a - 12}{1\cancel{4}} \times \frac{\cancel{4}^1}{1} = 152$$

$$a - 12 = 152$$

Suma 12 a ambos lados de la ecuación.

$$a - 12 + 12 = 152 + 12$$

$$a + 0 = 164$$

$$a = 164$$

Hay 164 alumnos en el séptimo grado.
Pon una U sobre la línea del 164.

5. Hay dos cantidades desconocidas. Que x represente al primer número entero consecutivo. Así, $x + 1$ es el siguiente número entero consecutivo. (Recuerda que *consecutivo* significa uno después del otro, y que los números enteros aumentan de a

uno). El número conocido es 37, el cual corresponde a la suma de los dos números consecutivos.

$$x + (x + 1) = 37$$

$$(x + x) + 1 = 37$$

$$2x + 1 = 37$$

Resta 1 a ambos lados de la ecuación.

$$2x + 1 - 1 = 37 - 1$$

$$2x + 0 = 36$$

$$2x = 36$$

Divide ambos lados de la ecuación por 2.

$$2x \div 2 = 36 \div 2$$

$$x = 18$$

El primer número, o bien, el número más pequeño, es 18.
Pon una G sobre la línea del 18.

6. Hay dos números desconocidos, el primer número impar (x) y el segundo número impar consecutivo $(x + 2)$. (Recuerda que los números impares aumentan de a dos). La suma de los dos números impares consecutivos es 24.

$$x + (x + 2) = 24$$

$$(x + x) + 2 = 24$$

$$2x + 2 = 24$$

Resta 2 a ambos lados de la ecuación.

$$2x + 2 - 2 = 24 - 2$$

$$2x + 0 = 22$$

$$2x = 22$$

$$x = 11, \text{ y por eso, } x + 2 = 13$$

El número más grande de los dos números impares consecutivos es 13.
Pon una G sobre la línea del 13.

7. El número desconocido es el número de alumnos en la escuela Simón Bolívar (*s*). El número de estudiantes en la escuela Miguel Carrera es cinco menos que cuatro veces el número de alumnos en la escuela Simón Bolívar. Hay 491 estudiantes en la escuela Miguel Carrera.

$$4s - 5 = 491$$

Suma 5 a ambos lados de la ecuación.

$$5s - 5 + 5 = 491 + 5$$

$$4s + 0 = 496$$

$$4s = 496$$

Divide ambos lados de la ecuación por 4.

$$4s \div 4 = 496 \div 4$$

$$s = 124$$

Hay 124 alumnos en la escuela Simón Bolívar.
Pon una M sobre la línea del 124.

8. El número desconocido es la edad actual de Josefa (*j*). En siete años, Josefa tendrá el doble de la edad actual (14 años) de su hermano.

$$j + 7 = 2 \times 14$$

$$j + 7 = 28$$

Resta 7 a ambos lados de la ecuación.

$$j + 7 - 7 = 28 - 7$$

$$j + 0 = 21$$

$$j = 21$$

Josefa tiene 21 años de edad.
Pon una R sobre la línea del 21.

9. El número desconocido es el salario mensual de Hugo (*s*). Hugo divide su salario mensual en cuatro partes iguales y cada mes ahorra $50 menos que una de las partes iguales. Hugo ahorra $605 cada mes.

$$\frac{s}{4} - 50 = 605$$

Suma 50 a ambos lados de la ecuación.

$$\frac{s}{4} - 50 + 50 = 605 + 50$$

$$\frac{s}{4} + 0 = 655$$

$$\frac{s}{4} = 655$$

Multiplica cada lado de la ecuación por 4.

$$^{1}4 \times \frac{s}{4}_{1} = 4 \times 655$$

$$\frac{4}{1} \times \frac{3}{4} = 2.620$$

$$s = 2.620$$

El salario mensual de Hugo es $2.620.
Pon una C sobre la línea del 2.620.

10. El número desconocido es el número misterioso (x). Tres veces más que seis veces ese número ($6 \times x + 3$) es igual a tres veces ese número más nueve ($3 \times x + 9$).

$$6x + 3 = 3x + 9$$

Resta 3 a ambos lados de la ecuación.

$$6x + 3 - 3 = 3x + 9 - 3$$

$$6x + 0 = 3x + 6$$

$$6x = 3x + 6$$

Resta $3x$ a ambos lados de la ecuación.

$$6x - 3x = 3x - 3x + 6$$

$$3x = 0 + 6$$

$$3x = 6$$

Divide cada lado de la ecuación por 3.

$$3x \div 3 = 6 \div 3$$

$$x = 2$$

El número misterioso es 2.

Pon una E sobre la línea del 2.

Código de respuestas
$$\frac{G}{18} \quad \frac{E}{2} \quad \frac{O}{2.608} \quad \frac{R}{21} \quad \frac{G}{13} \quad \frac{E}{42}$$

$$\frac{C}{2.620} \quad \frac{R}{119} \quad \frac{U}{164} \quad \frac{M}{124}$$ inventó las hojuelas de papas fritas.

Rascacabezas 24, página 253

1. El precio total de la bebida (b) y la tajada de pizza (p) es $3,50. La tajada de pizza cuesta $1,50 más que la bebida.

Ecuación Uno: $b + p = 3,50$

Ecuación Dos: $p = 1,50 + b$

Substituye p por $1,50 + b$ en la Ecuación Uno.

$b + (1,50 + b) = 3,50$

$(b + b) + 1,50 = 3,50$

$2b + 1,50 = 3,50$

Resta 1,50 a ambos lados de la ecuación.

$2b + 1,50 - 1,50 = 3,50 - 1,50$

$2b + 0 = 2,00$

$2b = 2,00$

Divide ambos lados de la ecuación por 2.

$2b \div 2 = 2,00 \div 2$

$b = 1,00$

La bebida costó $1,00.

2. El número total de niños (o) y niñas (a) en la escuela es 300. Hay 60 más niñas que niños.

$$\text{Ecuación Uno: } o + a = 300$$

$$\text{Ecuación Dos: } 60 + o = a$$

Substituye a por $60 + o$ en la Ecuación Uno.

$$o + (60 + o) = 300$$

$$(o + o) + 60 = 300$$

$$2o + 60 = 300$$

Resta 60 a ambos lados de la ecuación.

$$2o + 60 - 60 = 300 - 60$$

$$2o + 0 = 240$$

$$2o = 240$$

Divide ambos lados de la ecuación por 2.

$$2o \div 2 = 240 \div 2$$

$$o = 120$$

Hay 120 niños en la escuela.
Por lo tanto, hay $300 - 120 = 180$ niñas en la escuela.

3. Catalina tiene tres años más que Beverly. La suma de la edad de Catalina (c) y de Beverly (b) es 81.

$$\text{Ecuación Uno: } c = 3 + b$$

$$\text{Ecuación Dos: } c + b = 81$$

Substituye c por $3 + b$ en la Ecuación Dos.

$$(3 + b) + b = 81$$

$$3 + (b + b) = 81$$

$$3 + 2b = 81$$

Resta 3 a ambos lados de la ecuación.

$$3 + 2b - 3 = 81 - 3$$

$$2b + 0 = 78$$

$$2b = 78$$

Divide ambos lados de la ecuación por 2.

$$2b \div 2 = 78 \div 2$$

$$b = 39$$

Beverly tiene 39 años de edad.
Como Beverly tiene 39 años, Catalina tiene $39 + 3 = 42$ años de edad.

4. Carlos es diez años más joven que Stanley. La suma de la edad de Carlos (c) y de Stanley (s) es 90 años.

$$\text{Ecuación Uno: } c = s - 10$$

$$\text{Ecuación Dos: } c + s = 90$$

Substituye c por $s - 10$ en la Ecuación Dos.

$$(s - 10) + s = 90$$

$$(s + s) - 10 = 90$$

$$2s - 10 = 90$$

Suma 10 a ambos lados de la ecuación.

$$2s - 10 + 10 = 90 + 10$$

$$2s + 0 = 100$$

$$2s = 100$$

Divide ambos lados de la ecuación por 2.

$$2s \div 2 = 50 \div 2$$

$$s = 50$$

Stanley tiene 50 años de edad.
Como Stanley tiene 50 años, Carlos tiene $50 - 10 = 40$ años.

5. Un par de zapatos cuesta $10 más que un par de zapatillas. El precio total de los zapatos (z) y de las zapatillas (k) es $110.

$$\text{Ecuación Uno: } z = 10 + k$$

$$\text{Ecuación Dos: } k + z = 110$$

Substituye z por $10 + k$ en la Ecuación Dos.

$$k + (10 + k) = 110$$

$$(k + k) + 10 = 110$$

$$2k + 10 = 110$$

Resta 10 a ambos lados de la ecuación.

$$2k + 10 - 10 = 110 - 10$$

$$2k + 0 = 100$$

$$2k = 100$$

Divide ambos lados de la ecuación por 2.

$$2k \div 2 = 100 \div 2$$

$$k = 50$$

Las zapatillas cuestan $50.

6. Representemos al número más grande con x y representemos al número más pequeño con y. La suma de los dos números es 20. Un número es seis más que el otro número.

$$\text{Ecuación Uno: } x + y = 20$$

$$\text{Ecuación Dos: } x = 6 + y$$

Substituye x por $6 + y$ en la Ecuación Uno.

$$(6 + y) + y = 20$$

$$6 + (y + y) = 20$$

$$6 + 2y = 20$$

Resta 6 a ambos lados de la ecuación.

$$6 + 2y - 6 = 20 - 6$$

$$2y + 0 = 14$$

$$2y = 14$$

Divide ambos lados de la ecuación por 2.

$$2y \div 2 = 14 \div 2$$

$$y = 7$$

El número más pequeño es 7.
El número más grande es $20 - 7 = 13$.

7. Que el número más grande sea representado por x y el número más pequeño sea representado por y. La suma de ambos números es 35. Un número es cinco menos que el otro.

$$\text{Ecuación Uno: } x + y = 35$$

$$\text{Ecuación Dos: } y = x - 5$$

Substituye y por $x - 5$ en la Ecuación Uno.

$$x + (x - 5) = 35$$

$$(x + x) - 5 = 35$$

$$2x - 5 = 35$$

Suma 5 a ambos lados de la ecuación.

$$2x - 5 + 5 = 35 + 5$$

$$2x + 0 = 40$$

$$2x = 40$$

Divide ambos lados de la ecuación por 2.

$$2x \div 2 = 40 \div 2$$

$$x = 20$$

El número más grande es 20.
El número más pequeño es $20 - 5 = 15$.

8. El número de calorías en un dulce (d) es 50 más que el doble del número de calorías que tiene una galleta (g). El número total de calorías al combinarse uno y otro es 350.

$$\text{Ecuación Uno: } d = 50 + 2g$$

$$\text{Ecuación Dos: } d + g = 350$$

Substituye d por $50 + 2g$ en la Ecuación Dos.

$$(50 + 2g) + g = 350$$

$$50 + (2g + g) = 350$$

$$50 + 3g = 350$$

Resta 50 a ambos lados de la ecuación.

$$50 + 3g - 50 = 350 - 50$$

$$3g + 0 = 300$$

$$3g = 300$$

Divide ambos lados de la ecuación por 3.

$$3g \div 3 = 300 \div 3$$

$$g = 100$$

Hay 100 calorías en una galleta.

9. Que e represente a los emparedados y h a las hamburguesas. Hay 31 tipos de hamburguesas y emparedados. El número de emparedados es 5 más que de hamburguesas.

$$\text{Ecuación Uno: } e + h = 31$$

$$\text{Ecuación Dos: } e = h + 5$$

Substituye e por $h + 5$ en la Ecuación Uno.

$$(h + 5) + h = 31$$

$$(h + h) + 5 = 31$$

$$2h + 5 = 31$$

Resta 5 a ambos lados de la ecuación.

$$2h + 5 - 5 = 31 - 5$$

$$2h + 0 = 26$$

$$2h = 26$$

Divide ambos lados de la ecuación por 2.

$$2h \div 2 = 26 \div 2$$

$$2h = 13$$

Hay 13 hamburguesas.

10. Que x represente el número menor. Que y represente el número mayor. La suma de los dos números es 37. El número mayor es uno más que el doble del número menor.

Ecuación Uno: $x + y = 37$

Ecuación Dos: $y = 1 + 2x$

Substituye y por $1 + 2x$ en la Ecuación Uno.

$$x + (1 + 2x) = 37$$

$$(x + 2x) + 1 = 37$$

$$3x + 1 = 37$$

Resta 1 a ambos lados de la ecuación.

$$3x + 1 - 1 = 37 - 1$$

$$3x + 0 = 36$$

$$3x = 36$$

Divide ambos lados de la ecuación por 2.

$$3x \div 3 = 36 \div 3$$

$$x = 12$$

El número menor es 12.

CAPÍTULO NUEVE

Un diluvio de problemas prácticos

Desde números enteros hasta el álgebra
es necesario repasar y solucionar.
Los problemas verbales abarcan mucho
campo que debemos ver y practicar.

1. Kayo tiene 18 CDs más que Kira. Kira tiene 17 CDs menos que Ken. Ken tiene el doble de CDs que Kora. Kora tiene 16 CDs. ¿Cuántos CDs tiene Kayo?

2. Los dos premios del concurso escolar son boletos para un concierto. Los cuatro finalistas son Jan, Julia, Jim y Jerry. Si dos de los finalistas ganan los boletos, ¿cuántas distintas combinaciones de dos ganadores son posibles?

3. Samuel Meteplata tenía un balance de $100 en su cuenta de cheques. Después retiró $29, depositó $254, escribió un cheque por $17,95 y, finalmente, depositó $85. ¿Cuál fue su nuevo balance?

4. El piso de un cuarto rectangular de 9 pies por 12 pies se cubrirá de baldosas cuadradas de 6 pulgadas por 6 pulgadas. ¿Cuántas baldosas se necesitarán para cubrir todo el piso?

5. Una piscina circular mide 50 pies de diámetro. ¿Cuántas veces deberás nadar alrededor de la piscina para nadar la distancia de una milla?

6. Ana obtuvo calificaciones de 85, 75, 89 y 71. ¿Cuál es la calificación más baja que puede obtener en su próximo examen para lograr un promedio de 82?

7. Una receta para cuatro personas requiere $1\frac{1}{4}$ tazas de harina. ¿Cuántas tazas de harina se necesitarán para que la receta sea para 18 personas?

8. Heriberto tiene tres menos que el doble de los libros que tiene Hortensia. Si Heriberto tiene 21 libros, ¿cuántos libros tiene Hortensia?

9. Tomás, Graciela y Lili tienen 120 boletos cada uno para vender en el sorteo escolar. Tomás vendió el 25% de sus boletos, Graciela vendió $\frac{3}{8}$ de sus boletos y Lili vendió $\frac{4}{15}$ de sus boletos. ¿Cántos boletos vendió la persona que vendió más boletos?

10. Para ganar el juego, Kathy necesita obtener la suma de seis después de lanzar dos dados. ¿Cuál es la probabilidad de que lo logre?

11. Una receta para ocho personas requiere $\frac{3}{4}$ de taza de aceite de oliva. ¿Cuántas pintas de aceite se necesitarán si la receta se ajusta para servir a 40 personas?

12. Un par de pantalones y una chaqueta cuestan un total de $200. La chaqueta cuesta $40 más que los pantalones. Encuentra el precio de la chaqueta.

13. El cine Grandes Películas ofrece por $18,75 un librito de cupones con cinco boletos. El cine Maravillas ofrece por $16,60 un librito con cuatro boletos. El cine Palacio ofrece seis boletos por $23,10. ¿Qué cine ofrece el mejor descuento y cuánto es el descuento?

14. Benita planeó un horario de entrenamiento semanal para la gran carrera de 26 millas. Benita planea correr una milla diaria durante la primera semana, cuatro millas cada día en la segunda semana, siete millas diarias durante la tercera semana, etc. Cuando llegue a una distancia superior a 15 millas, Benita intenta correr sólo dos veces por semana. ¿En qué semana empezará a correr por lo menos tantas millas como el número de millas que tiene la gran carrera?

15. En el almacén Todobarato, tres cajas de galletas se venden por $5,25, dos bolsas de hojuelas de maíz a $1,80 y tres recipientes de jugo de naranja por $3,75. ¿Cuánto cuesta comprar dos cajas de galletas, una bolsa de hojuelas de maíz y dos recipientes de jugo de naranja?

16. El lunes, una acción de Microchip cuesta 75\frac{1}{2}$. Durante la semana, las acciones subieron $\frac{1}{4}$ de punto, bajaron $1\frac{1}{8}$ puntos y luego subieron $\frac{3}{8}$ de punto. Al terminar la semana, ¿cuánto costaba una acción de Microchip?

17. La tienda Aquí Sí ofrece el siguiente plan de descuento:
Semana Uno: precio corriente
Semana Dos: 5% menos que el precio regular
Semana Tres: 15% menos que el precio de la Semana Dos
Semana Cuatro: 20% menos que el precio de la Semana Tres
¿Cuánto costará un suéter, cuyo precio regular es de $50,00, si se compra durante la semana cuatro?

18. En el juego de baloncesto del lunes, los cuatro jugadores que lograron mayor número de puntos tenían los siguientes totales:

Jugador	Puntos
Basulto	21
Hernández	12
Jeldres	25
López	8

¿Cuál fue la mediana de los puntos logrados por estos cuatro jugadores?

19. Un collar que se vende por $48 cuesta $51 cuando se incluye el impuesto de compraventa. Encuentra el porcentaje correspondiente al impuesto.

20. Para empapelar una pared rectangular que mide 10 pies por 20 pies, Carmela está comprando papel que cuesta $7,50 la yarda cuadrada. Melissa está comprando papel a $6,00 la yarda cuadrada para empapelar una pared rectangular que mide 12 pies por 18 pies. ¿Quién de las dos gastará más y cuánto más gastará?

(Las respuestas aparecen a continuación).

PROBLEMAS DE PRÁCTICA— RESPUESTAS

1. 33 CDs

2. 6 combinaciones

3. $392,05

4. 432 baldosas

5. Unas 34 veces

6. 90

7. $5\frac{5}{8}$ tazas

8. 12 libros

9. 45 boletos

10. $\frac{5}{36}$

11. $1\frac{7}{8}$ pintas

12. $120,00

13. Grandes Películas; $3,75 por boleto

14. La décima semana

15. $6,90

16. $75,00

17. $32,30

18. 16,5 puntos

19. $6\frac{1}{4}$%

20. Carmela; $22,67

CAPÍTULO DIEZ

Ideas interesantes del internet

Vivimos en tiempos de computadoras
y de redes internacionales.
Veamos qué puedes hacer ahora
con el internet y los problemas verbales

El internet es un río de recursos para practicar y resolver todo tipo de problemas verbales. En la red mundial hay sitios útiles para practicar los cálculos que necesitas en problemas verbales y también para ver nuevos problemas curiosos e interesantes. Empleando técnicas de búsqueda apropiadas, puedes encontrar sitios en la red que proveen información y datos sobre muchos temas matemáticos, incluyendo diversos problemas acompañados de gráficos, tablas, listas y dibujos.

La información que aparecerá en este capítulo requiere que conozcas el inglés. Si no hablas ese idioma o no lo dominas muy bien, pide ayuda a un familiar o amigo.

Idea para Internet #1

Para cálculos de práctica con números enteros, fracciones, decimales y/o problemas básicos de medición y geometría, trata:

 http://quia.com

1. Pulsa **Mathematics**.
2. Elige un tópico entre **Geometric Terms**, **Quiz on Equations**, **Fraction Decimal Conversion**, **Customary Measurement** o **Square Roots**.
3. ¡Juega y practica!

Idea para Internet #2

Para proyectos que puedes realizar por tu cuenta y con miembros de tu familia, trata:

 http://www.figurethis.org

1. a. Pulsa **Challenge Index**.
   b. Mueve el índice hasta ubicar **Stamps**.
   c. Lee la actividad.
   d. Realiza una estrategia de suposición y verificación o haz una lista para encontrar todas las combinaciones posibles de sellos que se ajusten al problema.

2. a. Pulsa de vuelta a **Challenge Index**.
   b. Mueve el índice hasta ubicar **Batting Averages**.
   c. Usa los conocimientos que adquiriste solucionando problemas verbales con razones, proporciones y estadística para encontrar al mejor jugador.

3. a. Pulsa de vuelta a **Challenge Index**.
   b. Mueve el índice y pulsa **Play Ball!**
   c. Haz una lista o crea una ecuación que te permita decidir cuál es la pelota de béisbol más cara.

4. a. Pulsa de vuelta a **Challenge Index**.
   b. Mueve el índice hasta ubicar **Beating Heart**.
   c. Pide a un familiar o amigo que te ayude a medir tu pulso. Usa tus nuevos conocimientos para resolver el problema de los latidos cardíacos. ¿Te sorprendió la respuesta?

Idea para Internet #3

Para actividades que requieren emplear matemática en actividades del diario vivir, trata:

 http://www.learner.org/exhibits/dailymath/

1. a. Lee la página sobre el uso de matemática en la vida diaria.
   b. Pulsa **Cooking by Numbers**.
   c. Lee cómo las razones y proporciones se emplean en la cocina. Analiza la situación presentada en el ejemplo.
   d. Elige una receta. Aumenta o disminuye los ingredientes de modo que la receta permita servir a todos los alumnos en tu escuela o sólo a los alumnos en tu clase.

2. a. Pulsa de vuelta a la página original y luego pulsa **Savings and Credit**.
   b. Lee sobre el interés simple y el interés compuesto.
   c. Visita un banco local y pide permiso para hablar con un funcionario sobre intereses e inversiones.

3. a. Pulsa de vuelta a la página original y luego pulsa **Home Decorating**.

b. Lee cómo la geometría y la medición se emplean para encontrar la superficie de los cuartos en un plan de piso. Estudia los ejemplos.

c. Crea un plan de piso en tu casa, excluyendo los recintos para colgar la ropa. Usa una escala de 1 pie = 1 pulgada (la relación entre la escala real y la escala del plan de piso). Encuentra la superficie de los cuartos.

Idea para Internet #4

Para ver cómo se emplean las conversiones de medidas en las ciencias, trata:

http://www.exploratorium.edu/ronh/weight/index.html

1. a. Escribe tu peso en el cuadro.
   b. Pulsa **Calculate**.
   c. Descubre cuál sería tu peso en distintos planetas.
   d. Usa proporciones y los datos que aparecen en el gráfico para calcular cuántas libras o fracciones de libra pesaría un objeto que en nuestro planeta pesa una libra.

Idea para Internet #5

Para adquirir más práctica en la solución de problemas verbales mediante ecuaciones algebraicas, trata:

http://www.about.com

1. a. Pulsa **Science**.
   b. Pulsa **Mathematics**.
   c. Busca *Did You Know?* en la parte superior y derecha de la página. Pulsa **Unlock the secret to story problems!**
   d. Lee los problemas y las explicaciones de sus soluciones.
   e. Trata de resolver algunos de los ejemplos.

Idea para Internet #6

Para actividades interactivas e innovadoras, trata:

http://www.mathgoodies.com

1. a. Bajo *Lessons*, pulsa **Topics in Pre-Algebra**.
   b. Pulsa **Writing Algebraic Expressions**.
   c. Lee toda la lección.
   d. Trata de hacer los ejercicios.
   e. Pulsa de vuelta a la página original y, bajo *Lessons*, pulsa **Understanding Percent**.
   f. Mira todos los temas que aparecen en esta lección y pulsa aquellos que te interesen.
   g. Lee toda la lección y trata de hacer los ejercicios.
   h. Pulsa de vuelta a la página original y, bajo *Lessons*, elige entre **Probability**, **Circumference & Area of Circles** y **Perimeter & Area of Polygons**. ¡Explora!

   Hay tantas actividades y tanto que elegir . . .
   pero con buena estrategia, ¡no hay para qué sufrir!

Idea para Internet #7

Para estrategias fáciles y soluciones rápidas a problemas verbales básicos, trata:

http://www.webmath.com/

1. a. Pulsa **Story Problems**.
   b. Elige un tópico entre **Addition Story Problems**, **Subtraction Story Problems**, **Multiplication Story Problems** y **Division Story Problems**.
   c. Lee y resuelve toda clase de problemas básicos que dependen de palabras clave y cálculos.
   d. Retorna a la página original y pulsa **Real World Math**. Pulsa después **Personal Finance**.
   e. Lee sobre *simple interest* y *compound interest*, así como también otras formas de ahorrar e invertir.
   f. Vuelve a la página original y pulsa **Real World Math**.

g. En *Practical Math* selecciona **Tips** y en *Unit Conversion* puedes trabajar con **Length**, **Mass**, **Volume** o **Temperature**.

Idea para Internet #8

Para actividades que relacionan matemática con ingeniería aeronáutica, trata:

 http://www.planemath.com

1. a. Pulsa **Students**.
   b. Pulsa **Activities for Students**.

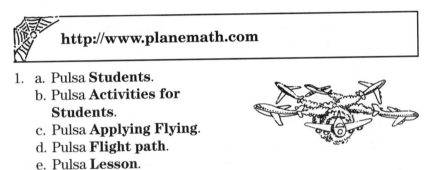

   c. Pulsa **Applying Flying**.
   d. Pulsa **Flight path**.
   e. Pulsa **Lesson**.
   f. Lee y practica la lección para encontrar la ruta aérea más corta entre las ciudades.

Idea para Internet #9

Mathcounts, una competencia nacional de matemática concebida para estudiantes de séptimo y octavo grado, provee diversos e interesantes problemas y actividades. Encuéntrala en:

http://www.mathcounts.org

1. a. Pulsa **Problem Solving**.
   b. Elige cualquiera de los problemas titulados **Go Figure! Match Challenge**. Éstos requieren los conocimientos de razonamiento y estrategia que has aprendido en este libro. O bien, puedes explorar la sección llamada **Problem Solving Strategies**.

Idea para Internet #10

Para juegos y actividades que te ayudarán a practicar tus habilidades matemáticas básicas, trata:

 http://www.funbrain.com/index.html

1. a. Pulsa tu edad.
   b. Elige y pulsa el tema matemático que deseas practicar.
   c. Entretente jugando y poniendo a prueba tu capacidad matemática al mismo tiempo.

Idea para Internet #11

Para un interesante vistazo a datos y estadísticas sobre la nutrición provista por restaurantes de comida rápida, trata:

http://www.cyberdiet.com

1. a. Busca *Diet and Nutrition* y pulsa **Fast Food Quest**.
   b. Bajo *Restaurants*, pulsa **McDonald's** y **Burger King**. (Pulsa para cancelar cualesquier otros restaurantes que hayan sido marcados).
   c. En *Fast Food Categories and Subcategories*, pulsa **Hamburgers**.
   d. En *Columns to Display*, pulsa para cancelar **Fat (%)**. Deja sólo los cuadros correspondientes a **Calories** y **Fat Grams** como cuadros marcados.
   e. Pulsa **Display Results**.
   f. Lee la información. Encuentra y compara los porcentajes de grasa en las distintas hamburguesas. Usa la razón de 1 gramo de grasa = 9 calorías. Usa proporciones para encontrar resultados.
   g. Pulsa de vuelta y dirígete a *Columns to Display*. Pulsa **Fat (%)**.
   h. Pulsa **Display Results** para verificar tu trabajo.
   i. ¿Te sorprendiste al ver el porcentaje de grasa en las hamburguesas? Pulsa de vuelta para comparar las comidas ofrecidas por otros restaurantes de comida rápida.

Idea para Internet #12

¿Te gustan las bebidas congeladas? Muchas bebidas congeladas tienen tantas calorías como los alimentos sólidos. Para seguir viendo cómo se usan las estadísticas y las proporciones en nutrición, trata:

http://www.dunkindonuts.com

1. a. Pulsa **Nutritional Info**.
   b. Pulsa **Beverages**.
   c. Mira y compara las calorías y los porcentajes de grasa en Coffee Coolattas con crema, leche, leche al 2% y leche descremada.

   d. ¿Cómo se comparan los porcentajes de grasa en Coffee Coolattas con los porcentajes de grasa en las hamburguesas de la Idea para Internet #11? ¿Fue esto una sorpresa?

Idea para Internet #13

Para ver cada semana un nuevo problema de geometría, trata:

http://www.forum.swarthmore.edu/geopow/

Idea para Internet #14

¿Tienes una pregunta sobre matemática que no se ha visto en este libro? *Ask Dr. Math* te la responderá en:

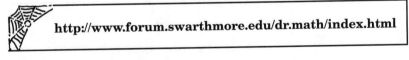

http://www.forum.swarthmore.edu/dr.math/index.html

1. a. Pulsa **Middle School**.
   b. Cerca del fondo de la página, pulsa **Submit your own question to Dr. Math** y escribe tu pregunta (en inglés).
   c. Uno de los numerosos "Doctores en Matemática" voluntarios de Swarthmore University responderá tu pregunta. (Eso sí, deberás volver periódicamente a este sitio hasta que un voluntario tenga tiempo para responder).

d. Allí también podrás leer las preguntas enviadas por otros alumnos y examinar las respuestas que recibieron.

Deportes, geografía, juegos y exploración,
el internet responde a cualquier ambición.

Idea para Internet #15

Hay sitios en la red para satisfacer cualquier interés que tú tengas. Haz una lista de los temas que te interesan. Busca estos temas yendo desde lo general hasta lo particular, es decir, comienza por áreas de interés amplias y luego empieza a eliminar las que no te interesan hasta llegar a los temas específicos que deseas. En el internet encontrarás descripciones, datos y entretención a medida que vas viendo cómo las palabras, los números y los dibujos se combinan para que tú los analices matemáticamente. La red te permitirá usar porcentajes, estadística, mapas y mucho más para observar y comprender el mundo que te rodea.

Idea para Internet #16

¡Planea un viaje! Decide adónde quieres viajar, cuándo deseas partir y volver, y desde dónde. Busca en la red estos sitios:

http://www.travelocity.com

http://www.expedia.com

http://www.deltaairlines.com

Busca también otros sitios creados por las aerolíneas. Encuentra el tiempo de partida óptimo y por el precio menor. Toma en cuenta los días y horas de salida, como también la cercanía del aeropuerto antes de decidirte por el boleto más barato. Visita a un agente de viajes para ver cuál es la diferencia cuando es un profesional el que prepara el viaje. Determina si el uso del internet garantiza un viaje mejor.

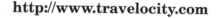

Idea para Internet #17

El último censo realizado por el gobierno puede ser muy interesante. Trata:

http://www.census.gov/stat_abstract/img/wage.gif

Mira cuántos temas puedes escoger y cuántos problemas puedes solucionar:

1. ¿Por qué crees que esta información requirió hacer una encuesta?
2. Observa los datos y los gráficos y compara los sueldos promedio ganados en 1992 por personas que han trabajado todo el año a tiempo completo. Haz esta comparación según el sexo y/o la educación de esta gente.
3. ¿Te parece que todos los hombres con título universitario ("bachelor's degree") ganaron $52.920 en 1992? ¿Qué clase de estadística: término medio, mediana o moda representan los $52.920 y las demás cantidades en los gráficos? ¿Por qué?
4. Encuentra la gama de los datos correspondientes a los hombres y a las mujeres.
5. Compara los sueldos recibidos por las personas que fueron a la universidad o que recibieron títulos universitarios con los sueldos de las personas que no fueron. ¿Respalda esta comparación tu conclusión original respecto a los gráficos?
6. ¿Cómo crees que se tabularon estos datos? ¿Crees que es ésta una buena representación de los ingresos de las personas? ¿Por qué sí o por qué no?

Idea para Internet #18

Trata:

http://www.askjeeves.com

Encuentra aquí las dimensiones de las canchas de tus equipos de béisbol favoritos. Compara las superficies y las distancias que una pelota debe viajar para que el lanzamiento se convierta en jonrón. ¿En qué canchas se produce el jonrón más corto y el más largo? Compara la superficie y el perímetro de una cancha de béisbol con los de una cancha de fútbol, fútbol americano y vólibol. Encuentra y compara las circunferencias de una pelota de béisbol, vólibol y fútbol.

Idea para Internet #19

En una librería local, encuentra el precio, incluyendo el impuesto de venta, de uno de tus libros favoritos. Luego trata:

http://www.amazon.com

o bien,

http://www.kozmo.com

A continuación ubica el precio de tu libro en el internet, incluyendo el impuesto y el costo del envío. Encuentra la diferencia entre el precio de un libro comprado en la librería y el precio de un libro comprado a través de la red. Encuentra también la diferencia porcentual. Determina la mejor compra en lo que respecta al precio, al tiempo requerido, y al placer o a la molestia relacionados con una compra trabajando con una computadora o visitando una librería.

*Si te conectas con la red mundial
los problemas de la vida real
se resuelven en forma imparcial
y el éxito es usual y total.*

RASCACABEZAS 25

- Anda al sitio de la red indicado.
- Lee todas las preguntas y ubica los datos necesarios para hallar la solución.
- Planea una estrategia matemática para resolver el problema.

1.

   http://www.epicurious.com

- Anda a *Recipe Search* y escribe "Chocolate Chip Cookies". Pulsa **Go**.

a. Encuentra la cantidad de harina necesaria para hornear unas dos docenas de galletas con pintas de chocolate.

b. Encuentra el número de tazas de mantequilla necesarias para cuatro docenas de galletas con pintas de chocolate.

2.

http://www.usps.gov

Pon de relieve *Postage Rates & Fees* y pulsa **Calculate Domestic Postage**. Pulsa **A Letter**.

a. Estás planeando mandar 125 cartas de una onza cada una, desde tu dirección en 250 Wireless Boulevard, Hauppauge, New York, a tus numerosos amigos en 1600 Pennsylvania Avenue, Washington, D.C.

- Encuentra los códigos postales ("zip codes") de ambas direcciones.
- Determina cuál es la diferencia en precio entre el envío de estas cartas por correo prioritario ("Priority Mail") o correo de primera clase ("First Class Mail").

b. Encuentra cuánto cuesta mandar estas cartas por expreso nocturno ("Overnight Express").

3.

http://www.cyberdiet.com

- Pulsa **Fast Food Quest**.
- Selecciona **Pizza Hut** y **Domino's Pizza**.
- Selecciona **Pizza** y **Pan/Deep Dish**.

a. Encuentra la diferencia porcentual entre las calorías contenidas en *Pizza Hut, Cheese Personal Pan* y las calorías de *Domino's Pizza, Cheese Only, 6 Inches, Ultimate Deep Dish*.

b. Encuentra la diferencia en calorías de los porcentajes de grasa de las dos pizzas.

4.

http://www.dartmouth.edu/~chance/

- Pulsa **Teaching Aids**.
- Pulsa **Data**.

a. Encuentra la mediana del sueldo de un jugador del Boston Red Sox en la temporada de 1994.

b. Encuentra la diferencia en la gama de salarios de los jugadores del Baltimore Orioles y la gama de salarios de los jugadores del Boston Red Sox.

5.

http://www.census.gov

- Encuentra *People* y pulsa **Estimates**.
- Pulsa **State**.
- Bajo *Maps*, pulsa **1998 to 1999**.
- Pulsa en el mapa de Estados Unidos.

a. Encuentra el cambio en el término medio porcentual de la población combinada de los estados de Connecticut, Maine, Massachusetts, New Hampshire, Rhode Island y Vermont desde 1998 hasta 1999.

b. Encuentra el cambio porcentual en la moda en todos los 50 estados. ¿En qué estados ocurre la moda?

(Las respuestas aparecen a continuación).

RASCACABEZAS—RESPUESTAS

Rascacabezas 25, página 284

1. a. Para hornear unas 3 docenas, es decir, unas 36 galletas con pintas de chocolate, se necesitan $1\frac{1}{4}$ tazas de harina. Que t represente el número de tazas necesarias para 2 docenas de galletas. Usa la proporción $\dfrac{1\frac{1}{4} \text{ tazas}}{3 \text{ docenas}} = \dfrac{t \text{ tazas}}{2 \text{ docenas}}$. Multiplica en cruzado y divide para obtener $2,5 = 3t$; $2,5 \div 3 = t$; $t =$ aproximadamente 0,8 o bien $\frac{4}{5}$ de una taza de harina.

b. Para hornear 3 docenas de galletas se necesita $\frac{1}{2}$ taza de mantequilla. Usa la proporción $\dfrac{\frac{1}{2} \text{ taza}}{3 \text{ docenas}} = \dfrac{t \text{ tazas}}{4 \text{ docenas}}$. Multiplica en cruzado y divide para obtener $2 = 3t$; $2 \div 3 = t$, $=$ aproximadamente $\frac{2}{3}$ de una taza de mantequilla.

2. a. Al realizar una búsqueda en la red, descubrirás que el código postal de Hauppauge, New York, es 11788 y que el código postal para la dirección de Washington, D.C., es 20500. Empleando el sitio de la red que te hemos indicado, verás que el envío de una carta de una onza por primera clase cuesta $0,34 y por correo prioritario cuesta $3,50. La diferencia es $3,50 – $0,34 = $3,16 por carta. Considerando las 125 cartas que planeas mandar, la diferencia será de 125 × $3,16 = $395.

 b. El costo del envío por expreso nocturno de una carta de una onza es $12,25. Así, costaría 125 × $12,25 = $1531,25 mandarlas todas.

3. a. Hay 598 calorías en la pizza de Domino's y 813 calorías en la pizza de Pizza Hut. La diferencia es 813 – 598 = 215 calorías. La pizza de Domino's tiene $\frac{215}{813} \approx 26\%$ menos calorías.

 b. Si observas la tabla que indica los gramos de grasa, verás que la pizza de Domino's tiene 27,6 gramos de grasa y que la pizza de Pizza Hut tiene 27 gramos de grasa. Ya sea empleando la información en la tabla o recordando que hay 9 calorías en cada gramo de grasa, verás que la pizza de Domino's tiene (27,6)(9)/598 ≈ 42% calorías de grasa y que la pizza de Pizza Hut tiene (27)(9)/813 ≈ 30% calorías de grasa. Hay una diferencia de aproximadamente 42% – 30% = 12% en los porcentajes de grasa. Recuerda que aun cuando una pizza pese más que la otra tú de todos modos puedes compararlas si usas sus porcentajes de grasa.

4. a. Hubo 25 jugadores en el equipo Red Sox de 1994. Verás que los sueldos se enumeran de mayor a menor. Para encontrar la mediana de 25 valores, ubica el valor del medio, en este caso el valor número 13 (12 valores por encima y 12 valores por debajo). Cuenta desde el sueldo más alto ($5.155.250) hasta el sueldo número 13, que es de $650.000. Así, la mediana del sueldo de un jugador fue de $650.000.

 b. Para encontrar la gama, resta el sueldo más bajo al sueldo más alto. Para los Baltimore Orioles la gama fue de $5.406.603 – $109.000 = $5.297.603. Para los Red Sox esta diferencia fue de $5.155.250 – $109.000 = $5.046.250. La diferencia en las gamas fue de $5.297.603 – $5.046.250 = $251.353.

5. a. Los cambios porcentuales en las poblaciones de Connecticut, Maine, Massachusetts, New Hampshire,

Rhode Island y Vermont fueron del 0,3%, 0,4%, 0,5%, 1,3%, 0,3% y 0,5%, respectivamente. Sus términos medios son $(0,3 + 0,4 + 0,5 + 1,3 + 0,3 + 0,5) \div 6$, los que se pueden simplificar a $3,3 \div 6$, o un cambio del término medio porcentual de 0,55%.

b. Buscando los cambios porcentuales más comunes en el mapa, verás que 0,6% aparece con mayor frecuencia (seis veces). Así, el cambio porcentual en la moda es del 0,6%. La moda ocurrió en los estados de Kansas, Oklahoma, Missouri, Mississippi, Indiana y New Jersey.

ÍNDICE

ANOTACIONES

ANOTACIONES

Really. This isn't going to hurt at all . . .

Barron's *Painless* titles are perfect ways to show kids in middle school that learning really doesn't hurt. They'll even discover that grammar, algebra, and other subjects that many of them consider boring can become fascinating—and yes, even fun! The trick is in the presentation: clear instruction, taking details one step at a time, adding a light and humorous touch, and sprinkling in some brain-tickler puzzles that are both challenging and entertaining to solve.

Each book: Paperback, approx. 224 pp., $8.95, Canada $11.95

Painless Algebra
Lynette Long, Ph.D.
Confusing algebraic terms are translated into simple English, then presented step by step, with a touch of humor and a brain tickler in every chapter.
ISBN 0-7641-0676-7

Painless American History
Curt Lader
Timelines, ideas for fascinating Internet projects, and the author's light narrative style are just a few of the ingredients that make this American History book one that kids will enjoy reading.
ISBN 0-7641-0620-1

Painless Fractions
Alyece Cummings
Fractions become easy when you learn some simple rules. Problems, puns, puzzles, and more—all with answers.
ISBN 0-7641-0445-4

Painless Grammar
Rebecca S. Elliott, Ph.D.
Here's a book that takes the dryness out of nouns, verbs, adjectives, and adverbs. Kids also analyze some of the wackier words in the English language.
ISBN 0-8120-9781-5

Painless Research Projects
Rebecca S. Elliott, Ph.D.,
and James Elliott, M.A.
The secret is to choose an interesting project. Here's advice on how to find one, then get started, and follow up with research and report-writing.
ISBN 0-7641-0297-4

Painless Science Projects
Faith Hickman Brynie, Ph.D.
The author insists that doing a science project can be fun. Then she proves it by demonstrating how to begin: Ask good science questions—the kind that produce fascinating answers!
ISBN 0-7641-0595-7

Painless Spelling
Mary Elizabeth
Spelling correctly becomes easy once you learn some basic rules, discover how to analyze sound patterns, and explore word origins.
ISBN 0-7641-0567-1

Prices subject to change without notice. Books may be purchased at your local bookstore, or by mail from Barron's. Enclose check or money order for total amount plus sales tax where applicable and 18% for shipping and handling ($5.95 minimum).

Barron's Educational Series, Inc.
250 Wireless Boulevard, Hauppauge, NY 11788
In Canada: Georgetown Book Warehouse
34 Armstrong Avenue, Georgetown, Ont. L7G 4R9
Visit our website @ www.barronseduc.com
(#79) 8/01